21 世纪高等院校教材

# 物理学导论

李玉现　主编

科学出版社

北京

# 内 容 简 介

本书共16讲，内容包括热力学与统计、特殊的物质——电磁场、温度与能量、光学与现代光技术、天文学漫谈、元素的起源、磁学基础与常见磁现象、超导电性基础及应用、量子力学与量子信息学、从电磁学到狭义相对论、固体物理基础与现代科技、从原子到夸克、粒子物理及粒子实验简介、磁性材料中的磁畴、实验与物理学发展以及新能源与物理。

本书可作为高等学校理学类专业一年级本科生的通识课教材，也可供其他专业的教师和学生参考。

**图书在版编目（CIP）数据**

物理学导论/李玉现主编. —北京：科学出版社，2011

21世纪高等院校教材

ISBN 978-7-03-032389-7

Ⅰ.①物… Ⅱ.①李… Ⅲ.①物理学-高等学校-教材 Ⅳ.①04

中国版本图书馆CIP数据核字（2011）第191830号

责任编辑：丁 里 唐保军/责任校对：包志虹

责任印制：徐晓晨/封面设计：华路天然工作室

科学出版社出版

北京东黄城根北街16号

邮政编码：100717

http://www.sciencep.com

北京中石油彩色印刷有限责任公司 印刷

科学出版社发行 各地新华书店经销

*

2011年9月第 一 版 开本：720×1000 1/16

2019年1月第五次印刷 印张：12 插页：1

字数：241 000

**定价：39.00元**

（如有印装质量问题，我社负责调换）

# 前　言

近年来，高等学校大类招生变成了一种趋势，也就是大学一年级本科生在入学时不细分专业，只是分成理科、工科和文科，在一年级第一学期统一开课。例如，理科学生在学习高等数学、英语等公共课的同时，由物理、化学和生物各学院的教师开设选修课，分别把本学科的基本知识、将来要学习的内容和本学科的特点、优势以及未来的发展介绍给一年级的学生。第一学期结束后，学生才开始选择自己感兴趣的专业作为本科学业来学习。

基于这样的背景，河北师范大学物理学院的教师结合多年来在物理教学中的经验，编写了本书，目的是让一年级本科生对物理学有基本的了解，对当前物理学的发展及应用有基本的认识，从而产生兴趣，进而立志于物理科学的研究。

物理学是一门经典的基础学科，从经典力学到量子力学，从宏观现象到微观统计，内容涉及方方面面，要在短短的三十几个课时里对其进行讲解是困难的。所以我们分别从不同的角度，力争把物理学的最基本的知识传授给学生，同时结合物理学的前沿发展，介绍了包括近年来诺贝尔物理学奖在内的相关物理内容。

本书从第 1 讲到第 16 讲分别由刘晓静、李玉现、谢尊、张书敏、李冀、张波、侯登录、李壮志、白彦魁、杨世平、孙会元、崔树旺、段春贵、唐贵德、陈伟和甄聪棉等老师编写。我们已经在学校开设了“物理学导论”课程，本书是在原有讲稿的基础上编写而成的。尽管如此，本书难免有不足之处，希望读者提出宝贵意见。

本书为河北师范大学汇华学院 2009 年精品教材项目研究成果。

《物理学导论》编写组

2011 年 7 月

# 目　　录

# 第 1 讲　热力学与统计

热学（thermology）是研究物质热现象、热运动规律以及热运动同其他运动形式之间转化规律的一门学科。它起源于人类对冷热现象的探索。人类在季节交替、气候变幻的自然界中生存，冷热现象是人类最早观察和认识的自然现象之一。但是热力学不考虑物质的微观结构，不能解释宏观性质的涨落，统计物理学（statistical physics）根据对物质微观结构及微观粒子相互作用的认识，用概率统计的方法，对由大量粒子组成的宏观物体的物理性质及宏观规律作出微观解释，是理论物理学的一个分支。统计物理学深入热现象的微观本质，能够将热力学的基本规律归结于一个基本的统计原理，还可以解释宏观性质的涨落。本章通过介绍热学和统计物理学的发展史，阐述热学和统计物理学中的基本规律。

## 1.1　热学发展简史

热学发展史实际上就是热力学和统计物理学的发展史，可以将其划分为四个时期。

第一个时期，开始于 17 世纪末，直到 19 世纪中叶。这个时期积累了大量的实验数据和实践经验。同时人们也对热的本质开展了诸多的研究和讨论。所有这些都为热力学理论的建立和发展奠定了基础。到 19 世纪中叶，热力学的基本原理已经在热机理论和热功当量原理中开始萌芽。

第二个时期，开始于 19 世纪中叶，直到 70 年代末。这个时期出现了唯象热力学和分子运动论。这些理论直接和热功当量原理相关。而热功当量原理又为热力学第一定律的出现奠定了基础，它和卡诺理论相结合又形成了热力学第二定律。热功当量原理和微粒说结合推动了分子运动论的建立。但是在这一时期唯象热力学和分子运动论却是彼此隔绝的。

第三个时期，开始于 19 世纪 70 年代末玻尔兹曼的经典工作，止于 20 世纪初。唯象热力学和分子动理论相结合，诞生了统计热力学，吉布斯在统计力学方面做了大量的基础工作。

第四个时期，开始于 20 世纪 30 年代。这个时期，热力学和统计物理学中出现了量子统计物理学和非平衡态理论，形成了现代理论物理学最重要的一个分支。

## 1.2　热的本质——运动

人们早已在实践中熟悉摩擦生热，但为什么会产生热？热是什么？人们很长时间也没有弄清楚。在古代就对热有两种不同的看法：一种是把热看成是已存在的特殊物质；一种认为热是物质的某种运动形式。

17 世纪以后，多数人根据摩擦生热的现象，认为热是一种特殊的运动形式，不少物理学家都相信这一点。但是这种看法缺乏实验证据，还不能称为科学理论。

到了 18 世纪，对热的研究走上了实验科学的道路。把热看成是一种特殊物质的热质说，由于能够解释某些实验结果，因而当时获得了承认。热质说将热看成一种没有质量或不可称量的流质——热质，它不生不灭，存在于一切物体之中，物体的冷热程度取决于所含热质的多少。热质说对摩擦生热的解释是：摩擦并没有改变热质的总量，但物质在摩擦的过程中比热容降低了，因此摩擦可以使物质的温度升高。

1789 年，英国学者伦福德［Rumford，原名本杰明·汤普森（Benjamin Thompson），1753—1814］在从事枪炮制造时，发现钻下的金属屑具有极高的温度，用水来降低冷却时，甚至可以使水沸腾，他怀疑金属屑具有极高的温度可能是由比热容降低造成的。伦福德在他的笔记中写道，由摩擦所生的热，来源似乎是无穷无尽的，要用热质说解释摩擦生热现象，钻下的金属屑的比热容要改变很大才行。于是他设计并做了一系列实验，发现钻下的金属屑的比热容在摩擦时并没有降低。根据实验结果，伦福德断言热质说不足为信，应当把热看成一种运动形式，热质说的统治地位开始动摇了。

1799 年，英国的戴维（Davy，1778—1829）做了更加严密的实验。他在 0 ℃以下的露天里，在抽成真空的玻璃罩内，使金属轮子和盘在钟表装置的带动下相互摩擦，结果使金属盘上的蜡融化了。在这个实验中，热不可能是由周围物体传递给蜡的，而且伦福德的实验已经证明，金属也不会由于比热容的降低而放热，那就只能是摩擦生热使蜡粒子的运动加快了。戴维的实验有力地打击了热质说。

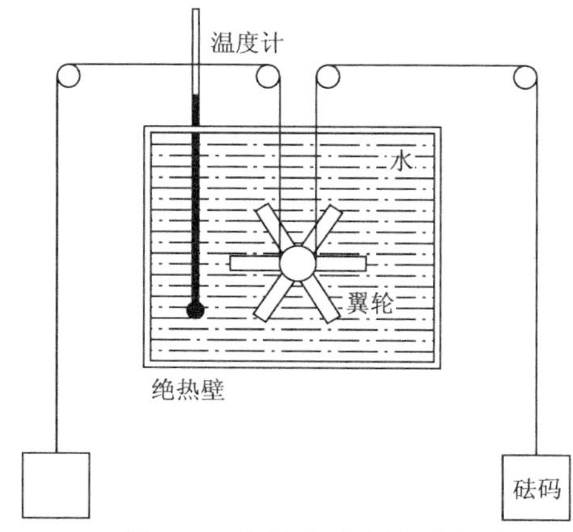

图 1.1　焦耳热功当量示意图

此后科学家进一步探究了热和做功的关系，特别是英国科学家焦耳（Joule，1818—1889）做了大量实验（图 1.1），定量地研究了热和功的关系，证明做了多少机械功，就有多少机械能转化为与热量相关的能量，焦耳的工作表明热不是一种特殊的物质，同时为能量守恒定律奠定了基础。

能量守恒定律的建立彻底否定了热质说，同时为分子动理论的发展开辟了道路。经过科学家的长期研究，关于热是一种运动形式的设想终于成为公认的真理。人们认识到：宏观的热现象原来是物质内大量分子的无规则运动的表现，物体内部的能量就是前面讲过的内能。热量不是表示物质所含“热质”的多少，而是表示在热传递的过程中传递的能量的多少。

将热定义为分子平均动能的表现，现代科学已将其作为科学的基本概念写入教科书中。但是，工程技术中出现的很多问题用运动热学说是无法解释的。例如，摩擦生热、激光、温室效应、化学反应、原子能、核能以及物质的热辐射等并不是分子的热运动的结果，它们发出的热大部分是以光和热辐射的形式运动的。光热辐射不是物质，更不是分子；光和热辐射是一种不是物质的能量。对热概念的正确认识是关系到科学基础的大事，必须从众多的现象中找出本质。人们对热无法深入了解与对力是什么、熵是什么、空间是什么、质量是什么等问题的认识一样，是基于对同一个问题的错误认识——对能量的错误认识。光和热辐射就是能量，能量不是物质，而是客观世界的另一个存在。能量占有空间，能量有运动、动量和惯性；但能量不存在质量。宇宙几乎有无限的质量，物质又不停地释放光和热辐射等能量，如果将它们看成物质，就是物质在不停地产生物质，宇宙中的物质将不停地增长下去，宇宙不需要能量就可以永远地膨胀下去，这肯定是无法让人们接受的，也是科学不能允许的。

宇宙空间是由动能量、静能量和基态能量组成的。动能量是有温度、频率的能量。动能量空间是随时间自由膨胀的，能量密度不断下降，能量空间体积不断增大，温度和频率逐渐降低，波长逐渐变长，最后变成静能量，动能量转换成静能量。静能量又不断转化为基态能量，使静能量空间和基态能量空间的能量密度保持不变。能量密度高，温度就高，能量波的频率也高；能量密度低，温度就低，能量波的频率也低。温度是由能量密度的大小决定的，不是由分子的热运动决定的。能量的运动决定分子的运动，没有能量物质将停止运动。运动不是物质固有的，物质是吸收空间能量才运动的。星体内部为什么都是液体或气体的，这是物质分子、原子不停地释放能量使物质间的能量密度不断增加，温度不断升高的结果。地球的自转、太阳的发光、星球的爆炸、大陆的板块运动、地震、地磁、地光、温室效应、火山和洋流等都是物质释放热辐射等能量造成的。地壳和地幔的相对运动是地幔释放的高压能量作用地壳的结果。热力学第二定律就是描写动能量运动规律的运动，它的时间之矢就是动能量空间的膨胀方向，也是熵增大的方向。能量密度是产生热的根源这一认识是不易被人们接受的，因为它和唯物主义的世界是物质认识观相对立，对热正确的认识必须从能量是不同于物质的客观存在的认识转变开始。

## 1.3 热力学的四个定律

### 1.3.1 热力学第一定律——能量守恒

19 世纪 40 年代以前，自然科学的发展为能量转化与守恒原理奠定了基础。主要从以下几个方面作了准备。

1. 力学方面的准备

机械能守恒是能量守恒定律在机械运动中的一个特殊情况。早在力学初步形成时就已有了能量守恒思想的萌芽。例如，伽利略研究的斜面问题和摆的运动、斯蒂文（Stevin，1548—1620）研究的杠杆原理、惠更斯研究的完全弹性碰撞等都涉及能量守恒问题。17 世纪法国哲学家笛卡儿已经明确提出了运动不灭的思想。以后德国哲学家莱布尼兹（Leibniz，1646—1716）首先提出活力守恒原理，他认为用 $mv^2$ 度量的活力在力学过程中是守恒的，宇宙间的“活力”的总和是守恒的。伯努利（Bernoulli，1700—1782）的流体运动方程实际上就是流体运动中的机械能守恒定律。至 19 世纪 20 年代，力学的理论著作强调“功”的概念，把它定义成力对距离的积分，并澄清了它和“活力”概念之间的数学关系，提供了一种机械“能”的度量，这为能量转换建立了定量基础。1835 年哈密顿（Hamilton，1805—1865）发表了《论动力学的普遍方法》一文，提出了哈密顿原理。至此能量守恒定律及其应用已经成为力学中的基本内容。

2. 化学、生物学方面的准备

法国的拉瓦锡（Lavoisier，1743—1794）和拉普拉斯（Laplace，1749—1827）曾经研究过一个重要的生理现象，他们证明豚鼠吃过食物后发出动物热与等量的食物直接经化学过程燃烧所发的热接近相等。德国化学家利比希（Liebig，1803—1873）的学生莫尔（Mohr，1806—1879）则进一步认为不同形式的“力”（能量）都是机械“力”的表现，他写道：“除了 54 种化学元素外，自然界还有一种动因，称为力。力在适当的条件下可以表现为运动、化学亲和力、凝聚、电、光、热和磁，从这些运动形式中的每一种可以得出一切其余形式。”他明确地表述了运动不同形式的统一性和相互转化的可能性。

3. 热学方面的准备

伦福德在 18 世纪末做了一系列摩擦生热的实验攻击热质说。他仔细观察了大炮镗孔时的现象，1798 年 1 月 25 日在皇家学会宣读他的文章：“最近我应邀去慕尼黑兵工厂领导钻制大炮的工作。我发现，铜炮在钻了很短的一段时间后，就会产生大量的热；而被钻头从大炮上钻下来的铜屑更热（像我用实验所证实的，发现它们比沸水还要热）。”伦福德的实验引起了不小的反响。在他的影响下，英国化学家戴维在 1799 年发表了《论热、光及光的复合》一文，介绍了他所做的冰块摩擦实验，这个实验为热功相当性提供了有说服力的实例，激励更多的人去探讨这个问题。

4. 电磁学方面的准备

19 世纪二三十年代，电磁学的基本规律陆续发现，人们自然对电与磁、电与热、电与化学等关系密切注视。法拉第（Faraday，1791—1867）尤其强调各种“自然力”的统一和转化，他认为“自然力”的转变是其不灭性的结果。“自然力”不能从无生有，一种“力”的产生是另一种“力”消耗的结果。法拉第的许多工作都涉及转化现象，如电磁感应、电化学和光的磁效应等。

在电与热的关系上，1821 年泽贝克（Seebeck）发现的温差电现象是“自然力”互相转化的又一重要例证。焦耳在 1840 年研究了电流的热效应，发现 $i^2R$ 定律，这是能量转化的一个定量关系，对能量转化与守恒定律的建立有重要意义。

要对热力学第一定律做出明确叙述，就必须提到三位科学家，他们是德国的迈耶（Mayer，1814—1878）（图 1.2）、亥姆霍兹（Helmholtz，1821—1894）（图 1.3）和英国的焦耳（图 1.4）。

图 1.2　迈耶

图 1.3　亥姆霍兹

图 1.4　焦耳

迈耶是一位德国医生，在一次驶往印度尼西亚的航行中，迈耶作为随船医生，在给生病的船员放血时，发现静脉血不像生活在温带国家中的人那样颜色暗淡，而是像动脉血那样新鲜。当地医生告诉他，这种现象在辽阔的热带地区是到处可见的。他还听到海员们说，暴风雨时海水比较热。这些现象引起了迈耶的沉思。他想到，食物中含有化学能，它像机械能一样可以转化为热。在热带高温情况下，机体只需要吸收食物中较少的热量，所以机体中食物的燃烧过程减弱了，因此静脉血中留下了较多的氧。他认识到生物体内能量的输入和输出是平衡的，从此对热产生了兴趣，转而研究物理。他提出了能量不灭和转换定律，并粗略地给出了热功当量。迈耶关于热力学第一定律的论文没有引起科学界的注意。他的聪明才智不为世人理解，反而遭到世俗偏见，唯一令人欣慰的是迈耶晚年终于看到自己的研究成果被承认，得到了应有的荣誉。

焦耳是英国著名实验物理学家。1818 年他出生于英国曼彻斯特市近郊，是富有的酿酒厂主的儿子。他从小在家由家庭教师教授，16 岁起与其兄弟一起到著名化学家道尔顿（Dalton，1766—1844）那里学习，这在焦耳的一生中起了关键的指导作用，使他对科学发生了浓厚的兴趣，后来他就在家里做起了各种实验，成为一名业余科学家。他从小对物理感兴趣，发现了电热转换的焦耳定律，指出电流产生的热量与电阻成正比，与电流强度平方成正比。他较精确地测定了热功当量。

从多方面论证能量转化与守恒定律的是德国的亥姆霍兹。他曾在著名的生理学家缪勒（Müller）的实验室工作多年，研究过“动物热”。他深信所有的生命现象都必须服从物理与化学规律。他早年在数学上有过良好的训练，同时又熟悉力学的成就，读过牛顿、达朗贝尔、拉格朗日等的著作，对拉格朗日的分析力学有深刻印象。他的父亲是一位哲学教授，和著名哲学家费赫特（Fichte）是好朋友。亥姆霍兹接受了前辈的影响，成为康德哲学的信徒，把自然界大统一当作自己的信条。他认为如果自然界的“力”（能量）是守恒的，则所有的“力”都应和机械“力”具有相同的量纲，并可还原为机械“力”。1847 年，26 岁的亥姆霍兹写了著名论文《力的守恒》，充分论述了这一命题。这篇论文是 1847 年 7 月 23 日在柏林物理学会会议上的报告，由于被认为是思辨性、缺乏实验研究成果的一般论文，没有在当时有国际声望的《物理学年鉴》上发表，而是以小册子的形式单独印行。

但是历史证明，这篇论文在热力学的发展中占有重要地位，因为亥姆霍兹总结了许多人的工作，一举把能量概念从机械运动推广到所有变化过程，并证明了普遍的能量守恒原理。这是一个十分有力的理论武器，从而可以更深入地理解自然界的统一性。

亥姆霍兹在这篇论文一开头就声称，他的“论文的主要内容是面对物理学家”，他的目的是“建立基本原理，并由基本原理出发引出各种推论，再与物理学不同分支的各种经验进行比较”。

在他的论述中有一明显的趋向，就是试图把一切自然过程都归结于中心力的作用。众所周知，在只有中心力的作用下，能量守恒是正确的，但是这只是能量守恒原理的一个特例，把中心力看成是普遍能量守恒的条件就不正确了。

第一定律最初是针对“永动机的设计”而提出的。过去有不少人试图制造永动机，这是一种不需要能源就可以永远工作的机器，零本万利，多诱人的前景！然而无数努力都失败了，许多“天才”的发明都被证明是胡扯，有的干脆就是骗局。人们终于悟出了能量守恒定律，那种不需要能源的永动机（第一类永动机）是永远造不出来的。自然界的能量只能从一种形式转化成另一种形式，但总能量是守恒的，能量不可能无中生有。亥姆霍兹明确指出，不可能制造出违背这一定律的永动机（图 1.5）。

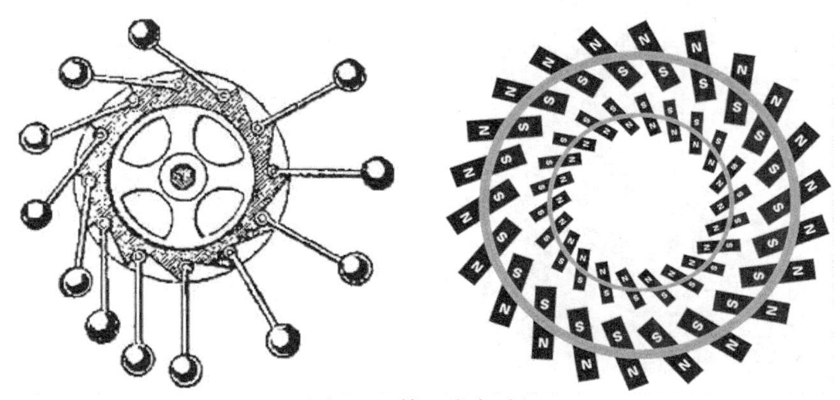

图 1.5　第一类永动机

第一定律的数学表达式为

$$\mathrm{d}U = \mathrm{d}Q + \mathrm{d}W \quad \text{（微分形式）} \tag{1.1}$$

$$\Delta U = Q + W \quad \text{（积分形式）} \tag{1.2}$$

上两式表示，一个系统的内能变化等于系统吸收的热量加上外界对它所做的功。所谓内能，粗略地说就是组成系统的物质分子的热运动能。

将能量守恒定律应用到热力学上，就是热力学第一定律。

### 1.3.2　热力学第二定律——不可逆性与时间之矢

日常生活告诉我们，一个打碎了的瓶子，不可能重新复原；一个死去的生物，不可能再复活；一个长大的人，也不可能倒退到童年。真实的时间是有方向的，只能从过去流向未来，不可能从未来退回到过去。物理学中的热力学第二定律指出了时间的这种方向性和流逝性。

19 世纪初，蒸汽机已有很大发展，并广泛应用于工厂、矿山、交通运输，但当时对蒸汽机的理论研究还很缺乏，法国工程师卡诺（图 1.6）在这方面做出了突出的贡献。卡诺在 1824 年发表了《论火的动力及适于发展这一动力的机器的思考》。他撇开一些次要的因素，由理想循环入手，研究了热机工作中的最基本因素，提出了以卡诺命名的有关热机效率的定理，明确指出："凡是有温度差的地方，就能够发生动力"，"动力不依赖于提供它的工作物质，动力的大小唯一地由热质在其间转移的一些物体的温度决定"。如图 1.7 所示，设 $T_1$ 和 $T_2$ 分别为卡诺机工作的低温热源和高温热源，其卡诺热机的最大热效率 $\eta$ 为

$$\eta = 1 - \frac{T_1}{T_2} \tag{1.3}$$

图 1.6　卡诺

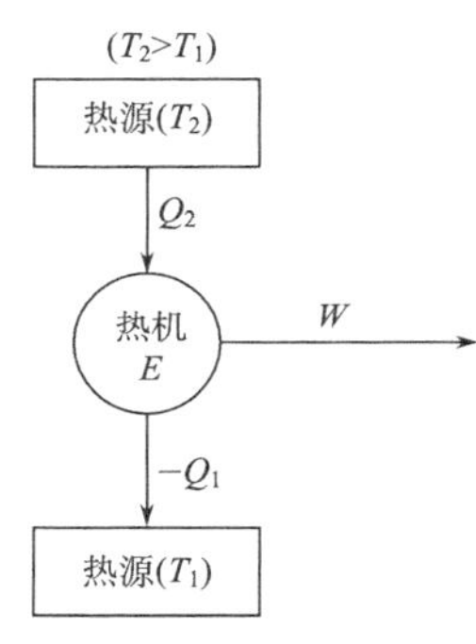


图 1.7　卡诺热机示意图

在证明这一定理时，他采用了热质守恒的思想和永动机不可能的原理。其实卡诺定理中已含有热力学第二定律的思想，但终究因为热质说的错误观点，未能进行进一步的研究，不过可以说卡诺定理是建立热力学第二定律的先导。

1840～1847 年，热力学第一定律建立起来了，它说明热机提供的动力只依靠热质在冷、热源之间重新分配的说法是不正确的。因此，需要对卡诺的理论作进一步审核，把他的原理建立在新的热学理论的基础上。

图 1.8　开尔文

1848 年，开尔文（图 1.8）根据卡诺提出的"一切理想热机在同样的热源与冷源之

间工作时，其效率相等，与使用的工作物质无关”的理论，建立了绝对温标的概念。这一温标具有一定的特点。例如，“这一温标系统中的每一度的间隔都有同样的数值”，“它完全不依赖于任何特殊物质的物理性质”，因此称为绝对温标。这种热力学温标的建立从理论上解决了各种经验温标不相一致的缺点，并为热力学第二定律的建立准备了条件。

在上述历史背景和前提条件下，克劳修斯（图 1.9）集中大部分时间，精心研究了热力学问题，从不同角度发表了多篇文章，提出并完善了著名的热力学第二定律的克劳修斯表述。

图 1.9　克劳修斯

1850 年，克劳修斯发表了《论热的动力以及由此推出的关于热学本身的诸定律》的论文，他从“热并不是一种物质，而是存在于物体的最小粒子的一种运动”的观点出发，重新考察了卡诺所提出的理论后指出：卡诺得出热量由热体向冷体传递时产生当量的功是正确的，而在由热体向冷体传递时没有热量损失是错误的。克劳修斯认为在由热做功的过程中，一部分热做了机械功，另一部分热通过从热体向冷体传递而耗散掉。克劳修斯通过一个假想的实验，得出热力学第二定律的初次表述：“在没有任何力消耗或其他变化的情况下，把任意多的热量从冷体传到热体是和热的惯常行为矛盾的。”后在 1854 年发表《力学的热理论的第二定律的另一形式》中，将热力学第二定律的表述改变为：“热不可能由冷体传到热体，如果因而不同时引起其他关系的变化。”

1867 年，克劳修斯又发表了《关于热的动力理论的第二定律》一文，总结出一条原理：“负的转变只能在有补偿条件下发生，而正的转变即使没有补偿也能发生，或者简要地说，不需补偿的转变只能是正的转变”。

1875 年，克劳修斯在《热的动力理论》一文中，将热力学第二定律提出了更精练的说法：“热不可能自动地从冷体传到热体”或“热从一冷体转向一热体不可能无补偿地发生”。这就是大家所公认的热力学第二定律的克劳修斯表达。

同时，对热力学第二定律做出贡献的还有开尔文。他用焦耳的热功当量实验和雷诺对蒸汽性质的观察重新审查了卡诺定理，从“热是一种粒子的运动而不是物质”的观念出发，来认识热与功相互转化的过程。1851 年发表《论热的动力理论》，提出了两个命题：“第一，当无论借助于什么方法，从纯粹的热源得到等量的机械效应，或等量的机械效应变成纯粹的热效应而消失时，则有等量的热因之消耗或由此产生”；“第二，如果有这样一部机器，当它反过来运转时，它的每一部分的物理的和力学的动作全部倒过来，那么，它将像具有相同温度的热源和冷凝器的任何热机一样，由一定量的热产生同样多的机械效应。”然后又提出证明第二命题的一个公理：“借助无生命的物质机构通过使物质的任何部分冷却到比周围最冷的物体的温度还要低的温度而得到机械效应，是不可能的。”他在对这一公理的注释中指出：如果公理在一切温度下都不成立，就必须承认可以有这样一种永动机存在，它借助于使海水或土壤冷却而无限制地得到机械功，即第二类永动机。以上是开尔文对热力学第二定律的原始表述，后来才逐渐演变成现在教科书中出现的、更精练的说法：“不可能从单一热源取热使之完全变为有用的功，而不产生其他影响。”这就是公认的热力学第二定律的开尔文表述。在这一表述中，明确表示热机必须工作在两个热源之间，更指出了第二类永动机的不可能，所以具有理论意义和实践意义。

克劳修斯和开尔文虽然从不同的角度表述了热力学第二定律，但是二者是等效的。通过他们的工作，反映热力学过程方向性的热力学第二定律建立起来了。

热力学第一定律和热力学第二定律否定了永动机的构想，指出了提高机器效率的途径，为热机的设计提供了指南，极大地促进了动力工业发展。

热力学第一定律确立了能量的存在，热力学第二定律确立了熵的存在。熵是一个比较难以捉摸的东西，粗略地说，它是混乱程度的量度。要强调的是，熵和能量不同，它不守恒，只会增加不会减少。熵指出时间有方向，时间箭头总是指向熵增加的方向。

定义熵之后，人们明白了热量的流动与熵的流动有关

$$\mathrm{d}Q = T\mathrm{d}S \tag{1.4}$$

于是热力学第一定律可重新表示为

$$\mathrm{d}U = T\mathrm{d}S - p\mathrm{d}V \tag{1.5}$$

可逆过程中只有熵流动（熵从一个地方转移到另一个地方，总量不变），没有新的熵产生，这是一种“熵守恒”的特殊的、理想的过程。不可逆过程中有新的熵产生，因此熵在增加，熵不守恒。熵增加原理反映的正是这一情况。

卡诺认为效率最高的热机是“可逆机”。所以，卡诺循环的效率以可逆机最高。

### 1.3.3　热力学第三定律——绝对零度不可达到

是否存在降低温度的极限？1702 年，法国物理学家阿蒙顿已经提到了“绝对零度”的概念。他从空气受热时体积和压强都随温度的增加而增加设想在某个温度下空气的压力将等于零。根据他的计算，这个温度即后来提出的摄氏温标约为−239 ℃，后来，兰伯特更精确地重复了阿蒙顿实验，计算出这个温度为−270.3 ℃。他说，在这个“绝对的冷”的情况下，空气将紧密地挤在一起。他

们的这个看法没有得到人们的重视。直到盖·吕萨克定律提出之后，存在绝对零度的思想才得到物理学界的普遍承认。

1848 年，英国物理学家汤姆孙在确立热力温标时，重新提出了绝对零度是温度的下限。

1906 年，德国物理学家能斯特在研究低温条件下物质的变化时，把热力学的原理应用到低温现象和化学反应过程中，发现了一个新的规律，这个规律表述为："当绝对温度趋于零时，凝聚态（固体和液体）的熵（热量被温度除的商）在等温过程中的改变趋于零。"其数学表示为

$$\lim_{T\to 0}(\Delta S)_T = 0 \tag{1.6}$$

德国著名物理学家普朗克（Planck）把这一定律改述为："当绝对温度趋于零时，固体和液体的熵也趋于零。"这就消除了熵常数取值的任意性。1912 年，能斯特又将这一规律表述为绝对零度不可能达到原理："不可能使一个物体冷却到绝对温度的零度。"这就是热力学第三定律。

如果绝对零度能够达到，可以把一个热机建立在温度为 $T_1$ 的热源和温度 $T_2=0$的冷源之间。此热机为可逆机时效率为 $\eta=1$，这表明可以从温度为 $T_1$ 的单一热源吸热，使之完全变为有用功，而且对外界不产生任何其他影响。于是得到违背热力学第二定律的例子。也可以反过来思考，如果第二定律成立，则上述反例不应出现，也就是说绝对零度不可能达到。这样，似乎从第二定律推出了第三定律，似乎第三定律不是一条独立的定律，而是第二定律的一条推论。

但是从来没有达到过绝对零度，总结出热力学第二定律的所有实例都是在 $T>0$的情况下发生的。所以第二定律只有在 $T>0$ 下成立，对于 $T=0$ 时第二定律是否成立，我们完全不知道，不能把得到的规律随意推广到 $T\to 0$ 的极限情况。这就是说卡诺定理是否在 $T=0$ 时成立，需做假定。第三定律正是做的与此有关的假定，所以第三定律不能看作第二定律的推论，它必须看成是一条独立的热力学定律。

应该说明的是，开尔文对第二定律和第三定律的发现均有贡献。开尔文 24 岁提出绝对温标时，就已经预见到热力学第三定律的存在，预见到绝对零度不可达到，比能斯特正式提出这一定律早 60 多年，开尔文对第二定律的重大贡献也是举世公认的。对于第二定律的发现，开尔文曾经写道："我提出这些说法并不想争夺优先权，因为首先发表用正确原理建立的命题的人是克劳修斯，他去年（1850 年）5 月就发表了自己的证明……我只要求补充这样一句：恰好在我知道克劳修斯宣布或证明了这个命题之前，我也给出了证明。"

下面介绍负温热力学。通常的热力学系统，总能量不受限制，能级数目为无穷多。当系统处在绝对零度时，所有粒子都集中在基态。系统有温度时，粒

子按统计规律分布在各个能级上。温度越高，分布在高能级的粒子越多。这类系统的温度没有上限，温度趋于无穷大时，粒子在各能级出现概率趋于相等（图 1.10）。

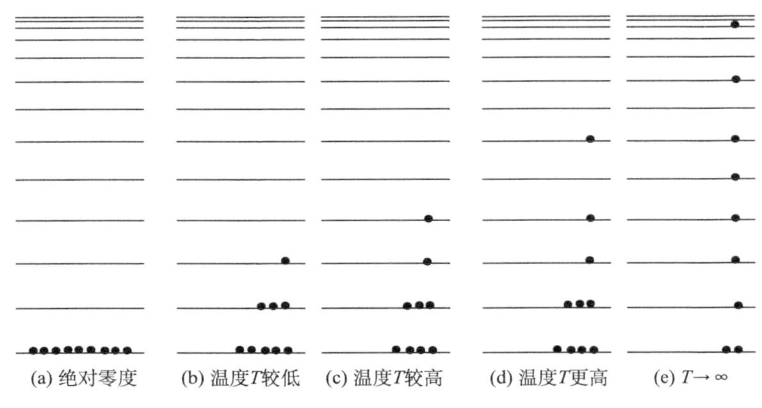


图 1.10　一般热力学系统的粒子分布

研究表明，对于总能量有限、能级数目也有限的系统，如激光系统和某些磁性物质，有可能处于负温状态。负温度不是处在绝对零度之下，而是处在“无穷大”温度之上，这类系统的温度最低是正零度（+0 K），即通常的绝对零度，往上到正无穷大，然而$+\infty$（它等价于负无穷度，$-\infty$）并非是这类系统的温度上限，它的温度可以继续升高，再往上就是负温区，最高是负零度（−0 K）（图 1.11）。图 1.12 是负温系统示意图。当 $T=+0$ K 时，粒子全部集中在基态。当 $T>0$ K 时，粒子按统计规律分布在各能级上。温度越高，分布在高能级的粒子越多。当 $T\to\infty$ 时，粒子在各能级分布概率相同。由于这类系统能级数目有限，当系统能量继续增加时，分布在高能级的粒子将比低能级多。人们称这种现象为“粒子数翻转”，它对应“负温度”情况。分布在高能级的粒子数越多，负温度 $T$ 的绝对值就越小。当粒子全部集中在最高能态时，则说系统处在 $T=-0$ K 的状态。

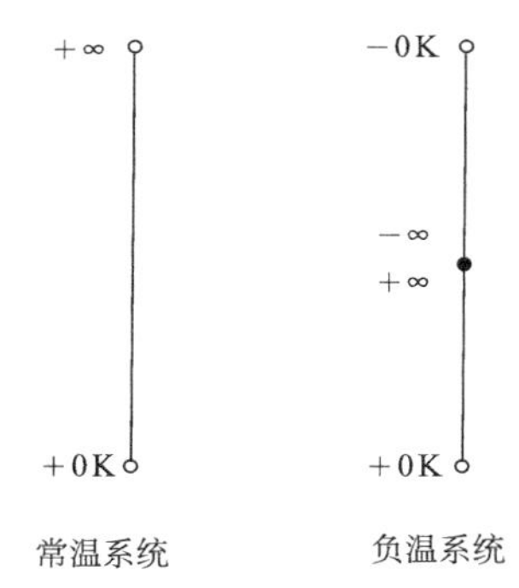


图 1.11　负温度

具有负温度的系统也遵从热力学的四条定律。但其中的第三定律与通常的表述不完全相同，应改为：不能通过有限次操作把系统的温度降低到正零度，或升高到负零度。也就是说，把温度限制在一个开区间范围内，不包括最高点和最低点。对于通常的热力学系统，由于只有正温区而没有负温区，第三定律只排除了温度的最低点（绝对零度），未限制温度的最高点。但是，最高温度“正无穷度”

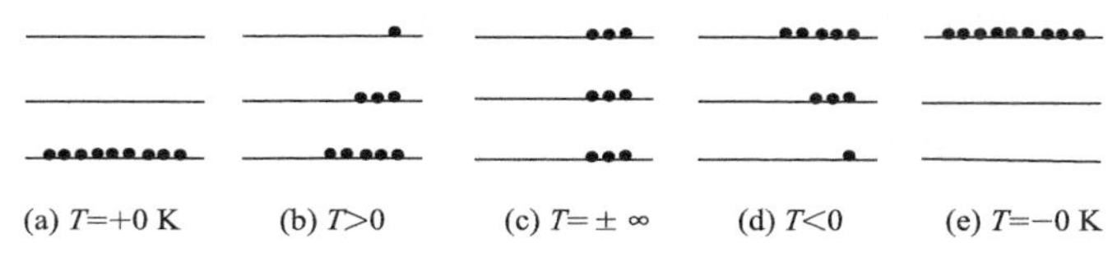


图 1.12　负温系统的粒子分布

实际上也是根本不可能达到的。

所以，第三定律的实质是，对于任何系统温度都只存在于一个开区间范围内，不包括最高点和最低点。于是，可以把通常的热力学第三定律加以推广，表述为：不能通过有限次操作，把系统的温度降低到绝对零度，或升高到无穷大。

### 1.3.4　热力学第零定律——热平衡的传递性

著名的物理学家兰兹伯格（Landsberg）幽默地说过一句话："热力学第一定律的发现者有三位，即迈耶、焦耳、亥姆霍兹；热力学第二定律的发现者有两位，即卡诺和克劳修斯；热力学第三定律的发现者只有一位，那就是能斯特。依此类推，热力学第四定律的发现只能是零位。"

确实没有热力学第四定律，但有一条第零定律。这条定律提出最晚，但按照理论体系，它应该排在第一定律之前，因此称为第零定律。第零定律是说，热平衡具有传递性：A、B、C 三个物体，如果 A 与 B 达到热平衡，B 与 C 达到热平衡，则 A 与 C 就一定达到热平衡。

$$A \sim B, \quad B \sim C \Rightarrow A \sim C \tag{1.7}$$

或许有人会说，这不是废话吗？一条真理，如果大家都知道、都熟悉，当然就成了"废话"。如果只有少数人知道，大多数人不知道，那就是真理。不过，这条看似废话的第零定律却并不像一般人想象的那么简单。

热力学第零定律用来作为进行体系测量的基本依据，其重要性在于它说明了温度的定义和温度的测量方法。表述如下：

(1) 可以通过使两个体系相接触，并观察这两个体系的性质是否发生变化而判断这两个体系是否已经达到平衡。

(2) 当外界条件不发生变化时，已经达成热平衡状态的体系，其内部的温度是均匀分布的，并具有确定不变的温度值。

(3) 一切互为平衡的体系具有相同的温度，所以，一个体系的温度可以通过另一个与之平衡的体系的温度来表达；或者也可以通过第三个体系的温度来表达。

正如第一定律的成立使我们可以定义能量，第二定律的成立使我们可以定义熵一样，第零定律的成立使我们能定义另一个重要的热学量——温度。第零定律还能使我们定义时间。

这四条热力学定律构成了整个热学的理论基础。热学又与牛顿力学、统计力学、电磁学和光学一起构成了经典物理学大厦。

## 1.4 玻尔兹曼与统计力学

热力学的四条定律是实验事实的总结，具有广泛适用性，称为唯象定律。但是这些宏观现象的深层原因是什么呢？这些问题只能从构成热力学系统的物质内部寻求答案。统计力学作为热力学的微观理论，从宏观物质系统是由大量微观粒子所组成的这一事实出发，认为物质的宏观性质是大量微观粒子运动的集体表现。统计力学的任务既然要从微观力学规律得到宏观热力学规律，宏观不可逆性的微观根源就成为统计力学中一个古老而重要的问题。为了解决这一问题，许多物理学家和数学家做出了各种努力，提出各种假设，同时针对微观可逆与宏观不可逆这对矛盾进行了长期的激烈辩论，这场百年论战的焦点人物之一就是物理学大师玻尔兹曼（图 1.13）。

图 1.13　玻尔兹曼

玻尔兹曼在 1868 年首先把概率论的思想引入热力学，玻尔兹曼通过熵与热力学概率的关系

$$S = k\ln W \tag{1.8}$$

直接沟通了热力学系统的宏观与微观的关联，并对孤立系统的热力学第二定律进行了统计解释。与克劳修斯相比，玻尔兹曼认为，一个孤立系统的热力学演化是一个概率事件而非必然事件，即一个孤立系统的自发过程是系统在各态历经中，从一个小概率事件演化到一个大概率事件。但是，一个孤立系统在各态历经中，自动发生熵减少的过程在理论上是可能的，只是其概率极小而已。这是玻尔兹曼熵与克劳修斯熵的区别，这也是玻尔兹曼对物理学的贡献。

但在后来，玻尔兹曼悲剧性地退却了。1872 年，玻尔兹曼利用微观动力学导出了玻尔兹曼方程，解释由大量分子构成的孤立系统，从非平衡态趋向平衡态的时间演化过程。在此基础上，他定义了一个类似于克劳修斯熵的 $H$ 函数

$$H(t) = \iint f(r,p,t)\ln f(r,p,t)\mathrm{d}r\mathrm{d}p \tag{1.9}$$

其中，$f$（$r$，$p$，$t$）是单粒子位置和动量的瞬时分布函数。玻尔兹曼证明了

$$\mathrm{d}H/\mathrm{d}t \leqslant 0 \tag{1.10}$$

这就是著名的 $H$ 定理。此定理表明，由大量分子构成的孤立系统从非平衡态趋于平衡态的过程中，$H$ 函数随时间单调下降，并在平衡态时达到最小值。这样，孤立系统的玻尔兹曼 $H$ 函数就与孤立系统的克劳修斯熵达到了高度的和谐与统一。

令玻尔兹曼所料不及的是，$H$ 定理一经提出就引起了一场轩然大波，来自方方面面的非议和责难纷至沓来，使他成为当时物理学界的众矢之的。麦克斯韦妖、洛施密特佯谬、庞加莱回归定理……使玻尔兹曼陷入了极度的困境和痛苦之中，尽管玻尔兹曼极力对众多质疑做出解释和回应，但他最终未能走出困境。令人厌倦的长期论战以及急剧起伏的情绪折磨，使玻尔兹曼陷入了孤独、忧郁和绝望的境地。1906 年 9 月 5 日，玻尔兹曼以自杀的方式结束了他传奇的一生。曾经是原子论的主要反对者的奥斯特瓦尔德——这位玻尔兹曼的朋友兼论战对手于 1908 年承认："原子假说已经成为一种基础巩固的科学理论。"爱因斯坦认为，玻尔兹曼的自杀不应被看成是软弱的表现，他对这位前辈科学家十分敬仰，许多观点也十分一致。在谈论文章形式的时候他曾说过一句有名的话："我谨遵照杰出的物理学家玻尔兹曼的格言：形式是否优美的问题应该留给裁缝和鞋匠去考虑。"

位于维也纳中央墓地的玻尔兹曼墓碑上镌刻着简洁优美的公式 $S=k\ln W$，在维也纳大学的校园里矗立着玻尔兹曼的半身雕像，上面也刻着这一公式。与他的雕像并肩竖立的还有在该校工作过的薛定谔、弗洛伊德等多名学者的雕像，其中还包括他的同事、论战对手、深刻影响过爱因斯坦的马赫。

如今，熵的概念变得非常重要。1952 年出版的索末菲（Sommerfeld）的遗著《理论物理教程》第五卷中，以"能与熵地位高下之争"为题，论述了熵比能具有更为重要的地位的观点，熵决定了自然过程演变的方向，即时间箭头。薛定谔在名著《生命是什么?》一书中（1943 年薛定谔在都柏林三一学院的讲演稿），用热力学和量子力学解释生命的本质，提出了负熵的概念：生命有机体是怎样避免衰退呢？明白的回答是：靠吃、喝、呼吸以及同化，专门术语叫"新陈代谢"……一个生命有机体在不断地增加它的熵——或者可以说是在增加正熵——并趋近于接近最大值的熵的危险状态，那就是死亡。要摆脱死亡，就是说或者，唯一的办法就是从环境里不断汲取负熵，我们马上就会明白负熵是十分积极的东西。有机体就是依靠负熵来生存的。或者更确切地说，新陈代谢中本质的东西是使有机体成功地消除了当它自身活着的时候不得不产生的全部熵。

现在，熵的概念已经渗入工业技术领域。在信息学以及在近 20 年来兴起的量子信息学研究中，信息熵成为一个衡量信息量的重要特征量。

## 1.5　麦克斯韦妖与信息熵

在研究热力学第二定律的时候，麦克斯韦给第二定律出了一个难题：他设想了一个可以分辨所有分子运动轨迹和速度的小精灵把守着气体容器内隔板上的一个小孔的闸门，见到那边来了高速运动的分子就打开闸门让它到那边去，见到这边来了低速运动的分子就打开闸门让它到这边来。设想闸门是完全没有摩擦的，于是这个小精灵无需做功就可以使隔板两侧的气体这边越来越冷，那边越来越热。这样一来，系统的熵降低了，热力学第二定律受到了挑战：热量从低温部分流向了高温部分，伴随这一现象系统并没有做功，除去这个小精灵作祟之外，似乎没有发生任何其他情况（图 1.14）。人们把这个小精灵称为麦克斯韦妖（Maxwell demon）。

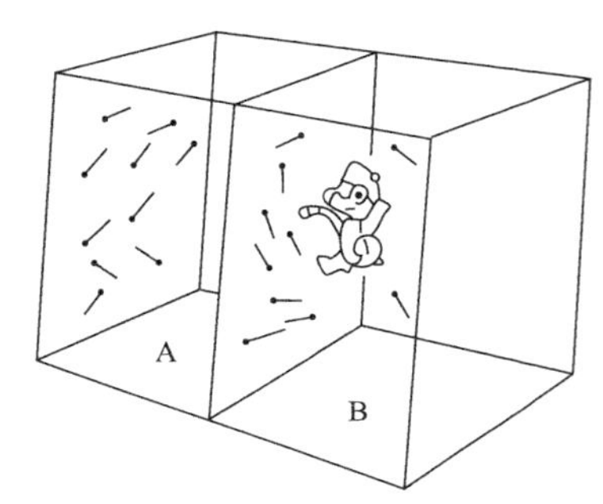


图 1.14　麦克斯韦妖

麦克斯韦妖可不是人们想象中的那种呼风唤雨魔法无边的精灵，与普通人相比，它除了具有非凡的微观分辨能力之外，别无专长。也就是说，麦克斯韦妖小巧玲珑，是纯智能型的。可是仅凭这一点，它就能干出惊人之举。尽管许多人想弄清这小妖精的来历，但直到 1929 年它的底细才被匈牙利物理学家希拉德所揭穿。

麦克斯韦妖有获得和储存分子运动信息的本领，它靠信息来干预系统，使它逆着自然界的自发方向进行。按现代的观点，信息就是负熵，麦克斯韦妖将负熵输入系统，降低了系统的熵。但是麦克斯韦妖获得信息的过程中必须有一个温度与环境不同的微型光源去照亮分子，这就需要耗费一定的能量，伴随这一熵减少的小精灵自身接收信息、发布指令的过程却是一个熵增加的过程。研究认为，这两个过程的总过程中熵是增加的，因而即便真有麦克斯韦妖的存在，其工作方式也并不违反热力学第二定律。

一个人收到信息后，事情的不确定度会发生改变，在信息论中把不确定度的改变定义为收到信息的“信息量”，信息量通常用 $I$ 表示。研究表明信息量等于信息熵的减少。布里渊据此定义“信息量”为负熵，即

$$I=-S \tag{1.11}$$

目前物理界已普遍接受信息熵是真实熵的观点，认为信息熵与热力学熵本质相同，把它们一起成为广义熵。这是信息论的伟大进展，也是物理学的伟大进展。

## 1.6　普利高津与耗散结构（开放系统的热力学）

玻尔兹曼的统计力学在研究平衡系统的热性质和可逆过程方面取得了巨大成功，用微观分子运动很好地解释了宏观的热力学规律。由于大多数系统都处在非平衡状态，都处于不可逆的演化过程之中，玻尔兹曼力图发展自己力量，使之能够用于非平衡态和不可逆过程。他提出著名的 $H$ 定理，对分子碰撞过程中不可逆性的出现给出了一个解释，取得了不小进展，直到今天物理学家仍然高度评价他的这一工作。然而实践表明，对“不可逆性”的探讨任重而道远，玻尔兹曼的理论在成功的同时也遇到了严重困难。促使玻尔兹曼自杀的原因之一就是反对者对他的理论的责难，说他并未真正从微观（分子运动）角度说清楚不可逆性产生的原因。

图 1.15　普利高津

玻尔兹曼去世之后，许多物理学家对非平衡态和不可逆过程做了进一步的研究。最初的工作集中在非常接近平衡态的“近平衡态”，这类状态仅稍稍偏离平衡态，许多平衡态的规律略加改造就可以运用。昂萨格（Onsager）与普利高津（Prigogine）等在这一领域取得了进展，由于这些过程是不可逆过程，一定有不可逆熵产生。普利高津（图 1.15）在 1947 年提出最小熵产生原理，指出在平衡状态下，没有熵产生（熵产率为零）：在“近平衡态”的不可逆过程中，虽然有熵产生，但熵的产生率趋向最小。虽然对“近平衡态”的研究取得了若干成绩，但对更为一般的、远离平衡态的状态，大家一筹莫展。1969 年普利高津在这一领域取得了突破性进展。

普利高津于 1917 年出生在莫斯科一个知识分子家庭，有犹太血统。在苏联闹饥荒时，他的父亲于 1921 年带领全家迁居德国，后来又定居于比利时。青年时代，普利高津在布鲁塞尔自由大学攻读化学和物理，在著名物理学家德唐德的指导下获得博士学位。他继承德唐德的衣钵，终身从事“不可逆性”和“复杂系统”的研究。

普利高津深受著名哲学家柏格森的影响，柏格森毕业于巴黎高等师范学院，毕业后在著名科学家帕斯卡的故乡克莱蒙菲当中学教师，后来又做过大学的临时讲师。“一个暮春时节的黄昏，25 岁的教师柏格森在散步时走到克莱蒙菲城郊。这是法兰西腹地高原地带，漫山遍野生长着高大树木，西边的晚霞在万里长空中向东边铺散开来，远处卢瓦尔河的支流奔流不息。柏格森站在高处，目睹着河水奔流、树木摇曳、晚霞飘逝，突然对时光之逝产生了一个非常震惊的感觉”。这一震撼促使柏格森在当教师的同时，展开了对“时间性质”的研究，完成了他的第一部专著《时间与自由意志》，提出了以“绵延”为核心的时间理论。他提出的“时间与人的意识和直觉有关”的观点虽然值得商榷，但他强调时间的“动”，时间的“流逝”，把时间看成是创造，看成是进化思想却是难能可贵的。柏格森用充满激情的技巧高超的演讲将他的观点广泛传播给大众，引发了震撼效果。普利高津后来回忆道：“在年轻的时候，我就读了许多哲学著作，在阅读柏格森的《创造进化论》时所感受到的魔力至今记忆犹新。尤其是这样一句话：‘我们越是深入地分析时间的自然性质，我们就会越发懂得时间的延续就意味着发明，意味着新形式的创造，意味着一切新鲜事物连续不断地产生’。这句话对我来说似乎包含着一个虽然还难以确定，但却非常重要的启示。”

柏格森把时间看成是创造和进化的思想和我们今天看到的生物进化和社会进化相一致。在生物与社会的进化中，我们看到的是从无序到有序，从简单到复杂的演进，这些现象似乎与热力学第二定律显示的演化方向相反，第二定律虽然告诉我们时间是动的，是流逝的，但这种动和流逝的过程是熵增加的过程，是混乱程度增加的过程，是系统从有序向无序、从复杂向简单演变的过程。

正是柏格森的观点与热力学第二定律表面上的矛盾，给了普利高津重大启示。他在继承老师物理学衣钵的同时，也接受了柏格森的极具启发的哲学思想。从此之后，普利高津把自己的毕生精力奉献给了不可逆性和时间之矢的研究。

普利高津注意到热力学第二定律推出的熵增加原理针对的是孤立体系或绝热系统，这样的系统与外界没有熵的交换。而生物体、社会单元都是开放系统，与外界有熵交换。普利高津在 1969 年“理论物理与生物学”的国际会议上提出了“耗散结构”的概念，他指的是一种远离平衡态的开放系统（力学的、物理的、化学的、生物的乃至社会的、经济的系统）自发的形成有组织的情况，这种在远离平衡情况下所形成的新的有序结构，普利高津把它命名为“耗散结构”。这种系统不断地从外界吸入低熵物质，排出高熵物质，总的效果相当于从外界输入了“负熵”。这种系统内部经历着不可逆过程，不断有熵产生，而负熵的输入抵消了新产生的熵，从而使系统的熵维持大致不变，所以系统本身相对稳定。例如，一个动物，内部的新陈代谢是不可逆的，不断产生熵。但该动物不断吃进食物，排出粪便和尿液等。食物中的分子排列比较有序，是低熵物质；排出物（粪便等）中分子排列比较无序，混乱度大，是高熵物质。吃进低熵物质，排出高熵物质，就相等于吸进了负熵。这些负熵可以抵消动物内部新陈代谢增加的熵，从而维持动物体熵大体不变，因而保持了动物体内的相对稳定。动物体就是一种耗散结构，它是一个不断从外界吸入负熵的开放系统。

一座城市，在生存过程中不断产生垃圾，必须不断向城里运进各种食物和用品（低熵物质），不断从城中运出垃圾、排出污水（高熵物质），城市才得以生存。所以说，城市也是一种耗散结构，是一个不断从外界吸入负熵的开放系统。

耗散结构理论为解释生物和社会的生存与进化打下基础。我们看到，这种不断进化的客体与热力学第二定律并不矛盾。从普利高津的耗散结构理论可以看出，柏格森把时间看成创造与进化的观点，并不与热力学第二定律相抵触。

耗散结构的提出，加深了对不可逆性和时间之矢的认识，也把非平衡统计的研究推广到化学、生物、社会等广泛领域，开创了统计物理和复杂系统研究的新局面。普利高津凭借“对非平衡热力学特别是耗散结构理论的贡献”获得了 1977 年诺贝尔化学奖。

# 第 2 讲　特殊的物质——电磁场

从微观粒子到宏观世界都属于物质的范畴，是物理学研究的对象。有些微观粒子太小，人们不能用肉眼看到，同样，一些天体也因为距离地球太远也无法看到，但是这些物质都实实在在地存在着，不以人的意志为转移。自然中还有一种物质，它就在我们的周围，但却看不到，只能用仪器来探测，这就是电磁场。

## 2.1　静　电　场

很久以前，人们发现一些摩擦过的物体可以吸引轻小物体。例如，用毛皮摩擦过的琥珀、玻璃棒、硬橡胶棒能够吸引头发、羽毛等小物体。物体能够吸引其他轻小物体的现象称为带电，或者说物体带了电荷。用摩擦的方法使物体带电称为摩擦起电。自然界只存在两种电荷：正电荷和负电荷，同种电荷互相排斥，异种电荷互相吸引。

在法拉第之前，人们认为两个相隔一定距离的带电体之间的相互作用是所谓超距作用，即这些作用的传递既不需要媒介，也不需要时间。从法拉第开始到麦克斯韦，许多科学家经过深入的分析研究，逐步形成了电场的概念，认识到电相互作用是以电场来传递的，这种传递的速度与光速相同。现代科学和实践也已证明，场是物质存在的一种形式。

根据场的观点，任何电荷将在自己周围的空间激发电场。电场对处于其中的任何其他带电体都有力的作用，这种力称为电场力。也就是说，电荷之间的相互作用力是通过电场实现的。

### 2.1.1　电场强度

电场的特点之一就是对处在电场中的其他电荷产生力的作用。所以电场中各点处场的特性可利用试验电荷进行研究。通常规定试验电荷带正电。试验电荷还应满足两个条件：①所带电荷 $q_0$ 足够小，把它引入被测电场中，在实验精度范围内，不会影响原有电场的分布；②线度很小，可以视为点电荷，以便确定其空间位置。

实验发现，各试验电荷所受电场力 $\boldsymbol{F}$ 的大小与电荷量成正比。对给定的场点，改变实验电荷的大小，力的大小变化，方向不变，比值 $\boldsymbol{F}/q_0$ 具有确定的大小和方向。对于不同的场点，比值 $\boldsymbol{F}/q_0$ 的大小和方向一般不同，这说明比值 $\boldsymbol{F}/q_0$

只与试验电荷所在场点的位置有关，而与试验电荷的量值无关。因此，将比值 $\boldsymbol{F}/q_0$ 定义为电场强度，用 $\boldsymbol{E}$ 表示，有

$$\boldsymbol{E} = \frac{\boldsymbol{F}}{q_0} \tag{2.1}$$

电场强度是矢量。由式（2.1）可知，在电场中某点处，电场强度的大小等于单位正电荷在该点所受电场力的大小，其方向与单位正电荷在该点所受电场力的方向相同。

在已知电场强度分布的条件下，一个具有电荷 $q$ 的点电荷在该场点所受电场力为

$$\boldsymbol{F} = q\boldsymbol{E} \tag{2.2}$$

显然，正电荷所受电场力方向与场强方向相同，负电荷所受电场力方向与场强方向相反。

考虑点电荷 $Q$ 激发的电场，将试验电荷 $q_0$ 放在某点 $P$，$r$ 表示 $Q$ 与 $P$ 间的距离，$\boldsymbol{r}_0$ 表示由 $Q$ 指向 $P$ 的单位矢量。根据库仑定律可知，$q_0$ 在 $P$ 点受到的电场力为

$$\boldsymbol{F} = \frac{1}{4\pi\varepsilon_0}\frac{Qq_0}{r^2}\boldsymbol{r}_0 \tag{2.3}$$

将式（2.3）代入式（2.1），可得 $P$ 点处的电场强度为（图 2.1）

$$\boldsymbol{E} = \frac{1}{4\pi\varepsilon_0}\frac{Q}{r^2}\boldsymbol{r}_0 \tag{2.4}$$

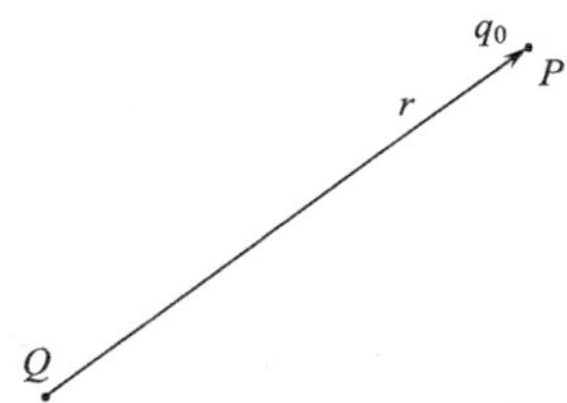

图 2.1　$Q$ 电荷在 $P$ 处产生的电场

由于 $P$ 点是任意的，所以式（2.4）反映了点电荷电场中电场强度的分布规律。

若电场是由若干个点电荷所激发，则根据力的叠加原理得到此时总的电场强度为

$$\boldsymbol{E} = \sum \frac{1}{q_0}\boldsymbol{F}_i = \sum \boldsymbol{E}_i \tag{2.5}$$

这就是电场强度的叠加原理。

对于任意带电体的电荷分布，从宏观角度来看是连续的，因此可将带电体视为由无限多个点电荷 $\mathrm{d}q$ 组成的点电荷系，这样就可应用电场强度的叠加原理来计算它的电场强度，即

$$\boldsymbol{E} = \int \frac{\mathrm{d}q}{4\pi\varepsilon_0 r^2}\boldsymbol{r}_0 \tag{2.6}$$

### 2.1.2 电场线

为了形象地描述电场中电场强度的分布情况，可以在电场中作一些假想的线——电场线，来反映电场的特征。为此，对电场线作以下规定：

(1) 电场线上每一点的切线方向与该点电场强度 $E$ 的方向一致。这样，电场线的方向就反映了电场强度的分布情况。

(2) 在任一场点，使通过垂直于 $\boldsymbol{E}$ 的单位面积的电场线数目（称为电场线密度）正比于该点处电场强度 $\boldsymbol{E}$ 的大小。设通过电场中某点垂直于该点电场强度方向的无限小面元 $\mathrm{d}S_{\perp}$ 的电场线为 $\mathrm{d}\Phi_{\mathrm{e}}$，则该点处的电场线密度就是$\frac{\mathrm{d}\Phi_{\mathrm{e}}}{\mathrm{d}S_{\perp}}$。按上述规定，有

$$E \propto \frac{\mathrm{d}\Phi_{\mathrm{e}}}{\mathrm{d}S_{\perp}}$$

在 SI 制中，电场强度的大小 $E$ 等于电场线密度，即

$$E = \frac{\mathrm{d}\Phi_{\mathrm{e}}}{\mathrm{d}S_{\perp}} \tag{2.7}$$

于是，电场线的疏密就描述了电场强度大小的分布情况。电场中，电场线稀疏处电场强度小，电场线密集处电场强度大。

电场线只是形象描述电场强度分布的一种手段。电场线实际上是不存在的，但借助于实验可将电场线模拟出来，如在水平玻璃板上撒些细小的石膏晶粒，或在油上浮些草籽，置于电场中，它们就会沿电场线排列。图 2.2 是根据实验模拟结果和关于电场线的规定作出的两种常见的电场线图。从中可以看出电场线有下列基本性质：

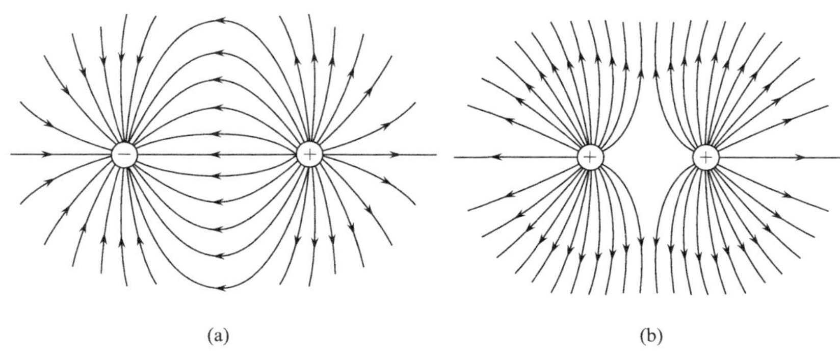


图 2.2 两个等量点电荷的电场线分布

（1）电场线起自正电荷（或来自无穷远处），终止于负电荷（或伸向无穷远处），不会在没有电荷的地方中断，也不会形成闭合线。

（2）在没有点电荷的空间里，任何两条场线不会相交。

电场线的这些性质反映了静电场的特征。

式（2.7）可变形为 $\mathrm{d}\Phi_e = E\mathrm{d}S_\perp$，一般情况下，在电场中某处，面元 $\mathrm{d}\boldsymbol{S}$ 于该处的 $\boldsymbol{E}$ 不一定垂直。设 $\mathrm{d}\boldsymbol{S}$ 的法线单位矢量 $\boldsymbol{n}$ 与 $\boldsymbol{E}$ 的夹角为 $\theta$，那么 $\mathrm{d}S_\perp = \mathrm{d}S\cos\theta$，因此有

$$\mathrm{d}\Phi_e = E\cos\theta\mathrm{d}S \tag{2.8}$$

将由式（2.8）决定的物理量 $\mathrm{d}\Phi_e$ 称为通过电场中面元 $\mathrm{d}\boldsymbol{S}$ 的电场强度通量，这样，通过有限面积的通量 $\Phi_e$ 等于通过此面积上所有面元的通量之和，在大小上就等于通过这个有限面积的电场线数。对非匀强电场中的任意曲面 $\boldsymbol{S}$，通过 $\boldsymbol{S}$ 的 $\boldsymbol{E}$ 通量为

$$\Phi_e = \iint_S \mathrm{d}\Phi_e = \iint_S \boldsymbol{E} \cdot \mathrm{d}\boldsymbol{S} = \iint_S E\cos\theta\mathrm{d}S \tag{2.9}$$

式中，$\iint_S$ 代表对整个曲面 $\boldsymbol{S}$ 取积分。若曲面 $\boldsymbol{S}$ 是一个闭合曲面，由于闭合曲面上面元法线单位矢量 $\boldsymbol{n}$ 的正向总是取自内向外的方向，因此，当有电场线穿出闭合面时，$\boldsymbol{E}$ 通量为正，反之 $\boldsymbol{E}$ 通量为负，若穿入和穿出闭合面的电场线数目相等，则 $\Phi_e = 0$。

在真空中通过任一闭合面的电场强度通量等于该曲面所包围的所有电荷的代数和除以 $\varepsilon_0$，即

$$\Phi_e = \oint_S \boldsymbol{E} \cdot \mathrm{d}\boldsymbol{S} = \sum \frac{q}{\varepsilon_0} \tag{2.10}$$

这就是真空中的高斯定理。

根据高斯定理，任一闭合曲面内包围的净电荷（正、负电荷的代数和）不为零而有多余的正电荷时，$\sum q_i > 0$，则 $\Phi_e > 0$，必有电场线从此面穿出；闭合曲面内包围有多余的负电荷时，$\sum q_i < 0$，则 $\Phi_e < 0$，必有电场线从此面穿入。由于此闭合曲面可任意缩小直至趋于零，因此，电场线必起自正电荷（称为场的源头），又必终止于负电荷（称为场的尾闾）。静电场是一种有源场，高斯定理是静电场的基本规律之一。

### 2.1.3　静电场环路定理

电荷在电场中运动时电场力要做功。下面研究静电场中电场力做功的特点。

设有一点电荷 $q$ 位于真空中 $O$ 点，一试验电荷 $q_0$ 在 $q$ 所激发的电场中经任

一曲线$ACB$由$A$点运动到$B$点，电场力所做功为

$$W_{AB}=\int_A^B q_0\boldsymbol{E}\cdot \mathrm{d}\boldsymbol{l}=q_0\int_A^B \boldsymbol{E}\cdot \mathrm{d}\boldsymbol{l}=q_0\int_A^B E\cos\alpha \mathrm{d}l \tag{2.11}$$

式中，$\alpha$是$\boldsymbol{E}$与位移元$\mathrm{d}\boldsymbol{l}$间的夹角。用$r$表示$q_0$运动路径上任意点$C$与$O$点的距离。由图2.3可见，$\mathrm{d}\boldsymbol{l}\cos\alpha=\mathrm{d}r$，又$E=\dfrac{1}{4\pi\varepsilon_0}\dfrac{q}{r^2}$，则

$$W_{AB}=\frac{q_0 q}{4\pi\varepsilon_0}\int_{r_A}^{r_B}\frac{\mathrm{d}r}{r^2}=\frac{q_0 q}{4\pi\varepsilon_0}\left(\frac{1}{r_A}-\frac{1}{r_B}\right) \tag{2.12}$$

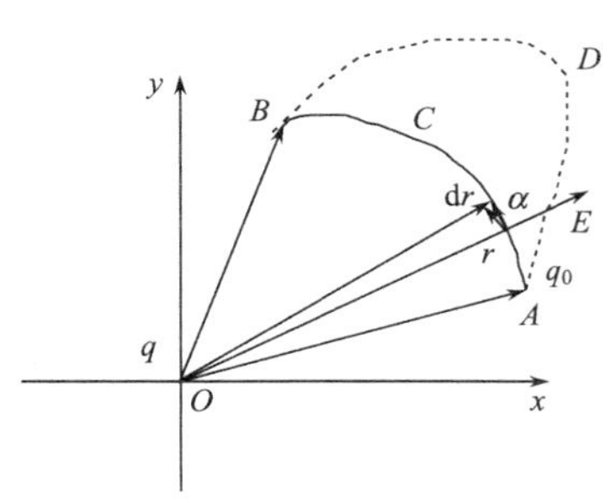

图 2.3　电场力做功

式中，$r_A$和$r_B$分别是$q_0$在起点$A$和终点$B$到$O$点的距离。如果$q_0$沿另一条曲线$ADB$（图2.3中虚线）从$A$点运动到$B$点，计算电场力所做的功，将得到上述同样的结果，即点电荷的电场对试验电荷所做的功与路径无关，只与试验电荷所带电荷量以及路径的起点和终点的位置有关。

任意带电体系激发的电场可视为点电荷的合电场。根据电场强度叠加原理和合力功的计算方法，试验电荷在电场中移动时，合电场力对试验电荷所做的功等于各个点电荷的电场力所做功的代数和。由于每一个点电荷的电场力所做功与路径无关，所以合电场力的功也与路径无关。因此，可得以下结论：试验电荷在任何静电场中移动时，电场力所做的功仅与此试验电荷所带电荷量以及路径的起点和终点的位置有关，而与路径无关。这表明静电场力是保守力。

由上所述，试验电荷$q_0$在静电场中从同一起点沿不同路径（$ADB$或$ACB$）到达同一终点，电场力做功相等，即

$$q_0\int_{ACB}\boldsymbol{E}\cdot \mathrm{d}\boldsymbol{l}=q_0\int_{ADB}\boldsymbol{E}\cdot \mathrm{d}\boldsymbol{l}$$

且有

$$q_0\int_{ADB}\boldsymbol{E}\cdot \mathrm{d}\boldsymbol{l}=-\int_{ADA}\boldsymbol{E}\cdot \mathrm{d}\boldsymbol{l}$$

即

$$q_0\left(\int_{ACB}\boldsymbol{E}\cdot \mathrm{d}\boldsymbol{l}+\int_{ADA}\boldsymbol{E}\cdot \mathrm{d}\boldsymbol{l}\right)=q_0\oint_L \boldsymbol{E}\cdot \mathrm{d}\boldsymbol{l}=0$$

上式表示，在静电场中电荷$q_0$从点$A$经过一个闭合路径$L$再回到点$A$过程中电场力所做的功恒等于零。

$\oint_L \boldsymbol{E}\cdot \mathrm{d}\boldsymbol{l}$是静电场中电场强度沿闭合曲线$L$的线积分，称为静电场强度的环

流。引入电场强度环流这一概念后，静电场力做功与路径无关的特性可等价表述为静电场环路定理：静电场的环流为零。其表达式为

$$\oint_L \boldsymbol{E} \cdot \mathrm{d}\boldsymbol{l} = 0 \tag{2.13}$$

静电场环路定理，反映静电场的另外一个特性：静电场是保守力场。

在任何保守力场中都可以引入相应的势能，保守力场又称为有势场。静电场是有势场。在静电场中可引入静电势能的概念，简称电势能。

### 2.1.4　电势能

一切势能都属于由保守力相联系的系统，电势能是电荷 $q_0$ 与电场 $\boldsymbol{E}$ 之间的相互作用的能量，它属于电荷 $q_0$ 和所在电场 $\boldsymbol{E}$ 所组成的系统。为了方便起见，简单地说成是电荷 $q_0$ 在电场 $\boldsymbol{E}$ 中某点具有的电势能。

保守力做功等于相应势能增量的负值，那么，电场力做功应等于电势能增量的负值。设试验电荷 $q_0$ 在电场 $\boldsymbol{E}$ 中 $A$ 点处的电势能为 $\varepsilon_A$，在 $B$ 点处的电势能为 $\varepsilon_B$，$q_0$ 从 $A$ 点移动到 $B$ 点时，电场力所做的功为 $W_{AB}$，则

$$\varepsilon_A - \varepsilon_B = W_A = q_0 \int_A^B \boldsymbol{E} \cdot \mathrm{d}\boldsymbol{l} \tag{2.14}$$

式（2.14）只反映了试验电荷 $q_0$ 在电场中 $A$、$B$ 两点处的电势能之差，它没有确定 $q_0$ 在电场中某一点（如 $A$ 点或 $B$ 点）的势能的量值。与所有势能一样，要确定一点电荷在电场中某点处的电势能的量值，应先选定电势能的零参考点（以下简称零势能点）。零势能点的选取可以是任意的。在理论计算中，对有限带电体系激发的电场，通常取无穷远处为零势能点，这样电荷 $q_0$ 在点 $A$ 的电势能为

$$\varepsilon_A = q_0 \int_A^\infty \boldsymbol{E} \cdot \mathrm{d}\boldsymbol{l} \tag{2.15}$$

即电荷在电场中某点处的电势能等于将此电荷从该点移到无穷远处（零势能点）电场力所做的功。

电势能是电场和试验电荷所共有的。它与试验电荷所带电荷 $q_0$ 成正比，并不能单纯反应场的特性。若取比值 $\varepsilon_0/q_0$，显然它与试验电荷 $q_0$ 无关，只与电场本身及电场中的位置有关，将比值 $\varepsilon_0/q_0$ 定义为点 $A$ 处的电势 $U_A$，以此来描述电场的性质，且有

$$U_A = \frac{\varepsilon_0}{q_0} = \int_A^\infty \boldsymbol{E} \cdot \mathrm{d}\boldsymbol{l}$$

上式表明电场中点 $A$ 的电势等于将单位电荷从 $A$ 点移至无穷远处（零电势）电场力所做的功。

### 2.1.5　等势面

前面曾借用假想的电场线来形象地描述电场中的电场强度分布。类似地，可借用假想的等势面来形象地描述电场中的电势分布。

电场中电势相等的点所组成的曲面称为等势面。等势面是一组闭合曲面，它与电场线处处正交（图 2.4）。

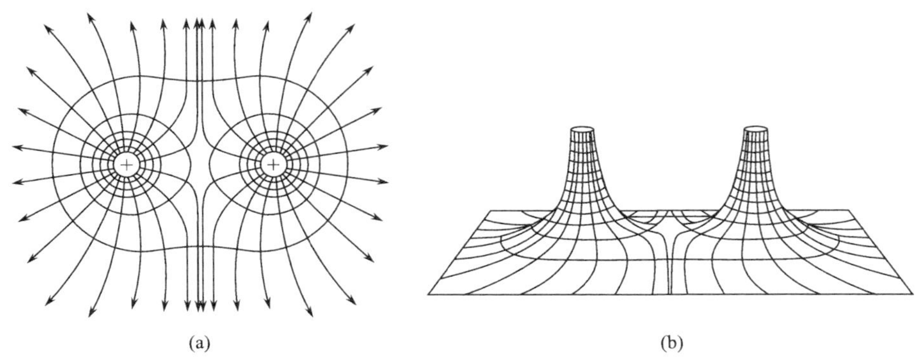


图 2.4　等量同种点电荷的等势面

## 2.2　磁　　场

### 2.2.1　磁感应强度

磁现象起源于电荷的运动。实验表明，运动电荷之间除了有电场力相互作用外，还存在一种称为磁力的相互作用。运动电荷不仅在其周围空间激发电场，同样还在周围空间激发磁场。磁场与电场一样也是物质存在的一种形式。无论是运动电荷之间，或电流之间，或电流（包括运动电荷）与磁体之间，磁的相互作用都是通过磁场来实现的。

这里，可以仿照电场中引入电场强度矢量 $\boldsymbol{E}$ 来描述电场性质一样，在磁场中引入磁感应强度矢量 $\boldsymbol{B}$ 来描述磁场的性质。为此从磁场对运动电荷的作用力来引出磁感应强度 $\boldsymbol{B}$ 的定义。

试验表明，一带电粒子 $q$ 以速度 $\boldsymbol{v}$ 进入磁场，运动电荷所受的磁场力不仅与电荷的多少有关，而且还与电荷运动的速度的大小和方向有关。当电荷运动速度 $\boldsymbol{v}$ 的方向与某一特定方向平行（可反平行）时，电荷不受磁场力的作用。电荷 $q$ 以不同于上述特定方向的速度 $\boldsymbol{v}$ 通过磁场中某点时，它所受的磁场力 $\boldsymbol{F}$ 的方向总是垂直于 $\boldsymbol{v}$ 与该特定方向组成的平面，而 $\boldsymbol{F}$ 的值则与 $q$ 与 $\boldsymbol{v}$ 的乘积成正比，改变电荷的符号，则磁场力 $\boldsymbol{F}$ 的方向反向。当电荷速度 $\boldsymbol{v}$ 的方向与上述特定方向垂直时，作用于电荷的磁场力 $\boldsymbol{F}$ 的值最大，即 $F_{\max}=F_{\perp}$。

按照以上实验结果，将运动电荷 $q$ 在空间某点处所受的最大磁场力 $F_{\perp}$ 与电荷量 $q$ 和运动速度的乘积 $qv$ 之比规定为磁场中该点的磁感应强度 $\boldsymbol{B}$ 的大小，即

$$B = F_{\perp}/qv \tag{2.16}$$

该点磁感应强度 $\boldsymbol{B}$ 的方向可以由小磁针放在该点时，其 N 极所指的方向来确定（图 2.5）。在 SI 制中 $\boldsymbol{B}$ 的单位是特［斯拉］，符号为 T。

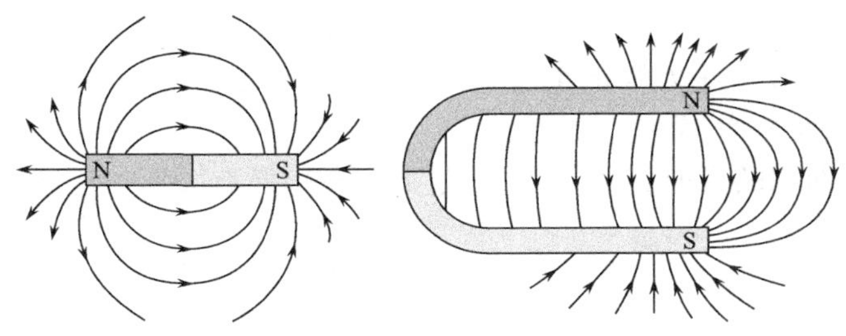


图 2.5　磁铁磁场的磁感线分布

### 2.2.2　毕奥-萨伐尔定律

恒定电流的磁场称为稳恒磁场，在计算磁场中的磁感应强度时，可依照在求带电体电场中的电场强度的方法。先将载流导线分割成许多线元矢量 $\mathrm{d}\boldsymbol{l}$，将 $\mathrm{d}\boldsymbol{l}$ 与流过的电流 $I$ 的乘积 $I\mathrm{d}\boldsymbol{l}$ 称为电流元，这样载流导线的磁场可视为许多电流元激发的磁场的叠加。

$$\mathrm{d}\boldsymbol{B} = \frac{\mu_0}{4\pi}\frac{I}{r^3}\mathrm{d}\boldsymbol{l}\times\boldsymbol{r} \tag{2.17}$$

这就是毕奥-萨伐尔定律。式中，$r$ 是电流元到所研究场点的径矢，$\mu_0$ 是真空中的磁导率，且有 $\mu_0=4\pi\times10^{-7}$（$\mathrm{T\cdot m\cdot A^{-1}}$）。这样，任意载流导线磁场中的磁感应强度为

$$\boldsymbol{B} = \int_L \mathrm{d}\boldsymbol{B} = \frac{\mu_0}{4\pi}\frac{I}{r^3}\mathrm{d}\boldsymbol{l}\times\boldsymbol{r} \tag{2.18}$$

### 2.2.3　磁通量

为了形象地描述磁场中磁感应强度 $\boldsymbol{B}$ 的分布，依照电场中引入电场线的方法，在磁场中引入磁场应线（简称 $B$ 线），并作以下规定：

（1）磁感应线上任意一点的切线方向为该点的磁感应强度 $\boldsymbol{B}$ 的方向。

（2）按 $\boldsymbol{B}$ 的大小来确定磁感应线的疏密。令通过垂直于 $\boldsymbol{B}$ 的单位面积的磁

感应线的条数等于该处 $\boldsymbol{B}$ 的大小。取与 $\boldsymbol{B}$ 垂直的面元 $\mathrm{d}S_{\perp}$，用 $\mathrm{d}\Phi_{\mathrm{m}}$ 表示通过此面元的磁感应线的数目，则该处 $\boldsymbol{B}$ 的大小为

$$B=\frac{\mathrm{d}\Phi_{\mathrm{m}}}{\mathrm{d}S_{\perp}} \tag{2.19}$$

式（2.19）可写成 $\mathrm{d}\Phi_{\mathrm{m}}=B\mathrm{d}S_{\perp}$。若在磁场中某处，面元 $\mathrm{d}\boldsymbol{S}$ 的法线单位矢量 $\boldsymbol{n}$ 与该处 $\boldsymbol{B}$ 的夹角为 $\theta$，则

$$\mathrm{d}\Phi_{\mathrm{m}}=B\cos\theta\mathrm{d}S=\boldsymbol{B}\cdot\mathrm{d}\boldsymbol{S}$$

$\mathrm{d}\Phi_{\mathrm{m}}$ 称为通过面元 $\mathrm{d}\boldsymbol{S}$ 的磁感应通量，简称磁通量或 $\boldsymbol{B}$ 通量。

磁通量 $\mathrm{d}\Phi_{\mathrm{m}}$ 在大小上等于通过面元 $\mathrm{d}\boldsymbol{S}$ 的 $\boldsymbol{B}$ 线数。在 SI 制中，磁通量的单位是韦［伯］，符号为 Wb。

通过有限面积的磁通量 $\Phi_{\mathrm{m}}$ 等于通过此面积上所有面元的磁通量之和，即

$$\Phi_{\mathrm{m}}=\int_{S}\mathrm{d}\Phi_{\mathrm{m}}=\int_{S}\boldsymbol{B}\cdot\mathrm{d}\boldsymbol{S} \tag{2.20}$$

通过有限面积的磁通量，在大小上等于通过此面积的 $\boldsymbol{B}$ 线数。

磁感应线只是形象描述磁场中 $\boldsymbol{B}$ 分布的一种手段，实际上它是不存在的，但可以借助实验方法把它模拟出来。例如，在水平玻璃板上撒些细铁屑，放在磁场中，它们就会沿 $B$ 线排列起来。实验结果表明，磁场中的 $B$ 线都自成闭合曲线，没有起点也没有终点。

### 2.2.4 磁场的高斯定理

由于磁感应线是无始无终的闭合线，所以，对磁场中的任一闭合曲面来说，有多少条 $B$ 线穿入曲面，就必须有同样条数 $B$ 线穿出曲面。故穿过任意闭合曲面的磁通量恒等于零，这个结论称为磁场的高斯定理，即

$$\oint\!\!\!\oint_{S}\boldsymbol{B}\cdot\mathrm{d}\boldsymbol{S}=0 \tag{2.21}$$

由磁场的高斯定理可知，磁场与静电场不同。静电场的高斯定理指出，通过任意闭合曲面的电通量可以不为零，电场线始于正电荷，止于负电荷，是不闭合的，反映了静电场是有源场。但通过任意闭合曲面的磁通量必为零，磁感应线是闭合的，反映了磁场是无源场。

### 2.2.5 稳恒磁场中的环路定理

类似于静电场的环路定理，我们来分析稳恒磁场中磁感应强度 $\boldsymbol{B}$ 的环流，从而探讨磁场的性质。

先分析真空中无限长载流直导线周围磁场的情况。根据毕奥-萨伐尔定律可

知，导线周围磁场中的磁感应线是中心在导线上的垂直于导线的一系列同心圆（图 2.6），半径为 $R$ 的磁感应线上各点 $\boldsymbol{B}$ 的大小为 $\mu_0 I/2\pi R$。若取一条磁感应线为积分路径，计算 $\boldsymbol{B}$ 的环流，有

$$\oint_L \boldsymbol{B} \cdot \mathrm{d}\boldsymbol{l} = \oint_L B\mathrm{d}l = \oint \frac{\mu_0 I}{2\pi R}\mathrm{d}l$$

$$= \frac{\mu_0 I}{2\pi R}\oint_L \mathrm{d}l = \mu_0 I \qquad (2.22)$$

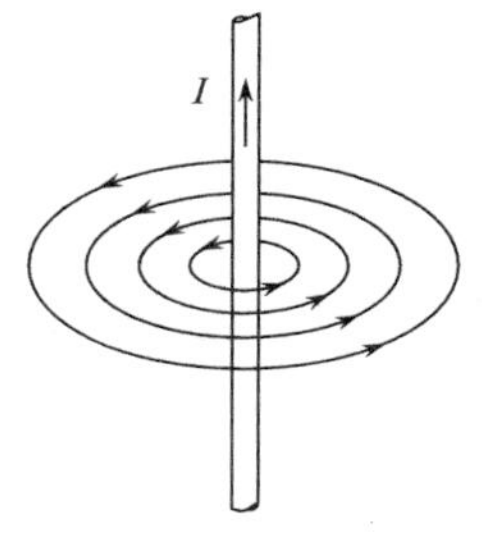

图 2.6　无限长电流周围的磁感应线

其中，$L$ 是一条磁感应线，但可以证明，若 $L$ 是磁场中的任意闭合路径时，式（2.22）仍成立，$I$ 是路径所包围的电流的代数和。可以证明，式（2.22）结果对任何稳恒磁场都成立。由此得到真空中磁场的安培环路定理，即磁场中磁感应强度 $\boldsymbol{B}$ 沿任何闭合路径的环流等于此闭合曲线所包围的传导电流的代数和的 $\mu_0$ 倍，即

$$\oint_L \boldsymbol{B} \cdot \mathrm{d}\boldsymbol{l} = \mu_0 \sum_i I_i \qquad (2.23)$$

式中，电流的正、负由电流流向和路径绕行方向决定。当它们符合右手螺旋时取正值，反之，符合左手螺旋时则取负值。当闭合路径内不包围电流时，$\boldsymbol{B}$ 的环流为零。

$\boldsymbol{B}$ 的环流一般不为零的特征，表明磁场不是保守力场。环流不等于零的场称为有旋场，因此稳恒磁场是有旋场。

利用安培环路定理，可以较方便地计算具有对称性电流分布的磁场中的磁感应强度。

## 2.3　电磁感应与电磁波

前面简单地叙述了静止电荷产生电场和稳恒电流产生磁场的一些现象以及电磁学发展史上的一些有名的实验，下面将介绍电与磁间密切相关的一些物理现象和规律。

这里，先叙述一下法拉第现象发现的电磁感应现象。

一导线 $AB$ 与灵敏电流计 $G$ 联成回路，$AB$ 做切割磁感应线运动时(图 2.7)，电流计指示回路中有电流通过。电流的方向与 $AB$ 运动方向有关。电流的大小则与运动的快慢有关，$AB$ 运动得越快，电流越大；运动得越慢，电流越小；停止运动，则电流为零。

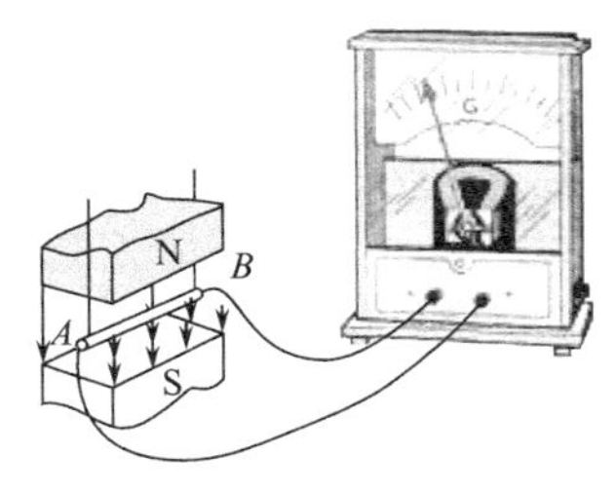

图 2.7 导线切割磁感应线实验

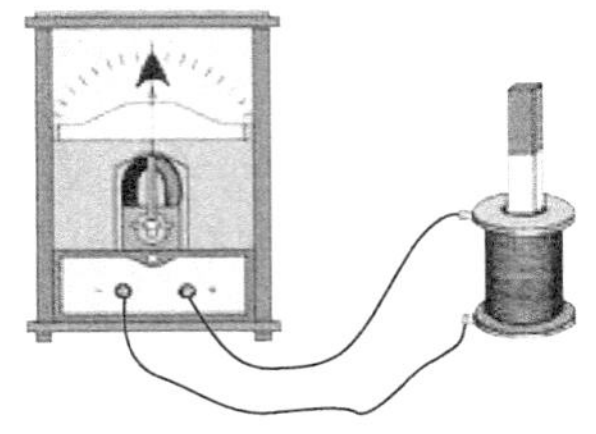
图 2.8 电磁感应实验

一线圈 A 与灵敏电流计 G 联成回路，用一磁铁 N 极或 S 极插入线圈或抽出时，电流计指示回路中有电流通过（图 2.8）。电流的方向与磁铁的极性及运动方向有关。电流的大小则与线圈运动的快慢有关，磁铁运动得越快，电流越大；磁铁运动得越慢，电流越小；磁铁停止运动，则电流为零。

如果将磁铁换成另一载流线圈 B，则发现，只要线圈 B 和线圈 A 之间有相对运动，所得结果与上述完全一样。不仅如此，人们还发现，即使线圈 A 与 B 之间没有相对运动，只要改变线圈 B 中的介质（如将一铁棒插入线圈 B 或从线圈 B 中抽出），同样在线圈 A 的回路中引起电流。

以上各实验的条件似乎很不相同，但是仔细分析可以发现，它们有一个共同点，即当线圈 A 所在空间的磁感应强度发生变化时，线圈 A 中就有电流通过，这个电流称为感应电流。而且，磁感应强度变化越迅速，感应电流也越大，感应电流的方向根据磁场变化的具体情况来决定。

进一步分析前面的几个实验也可以看出，那几个实验中磁场的变化事实上也必然引起通过线圈的磁通量发生变化，就会在回路中产生感应电流。这种由于磁通量发生变化而产生电流的现象称为电磁感应现象。

回路中出现感应电流，说明回路中必有电动势存在。这种由电磁感应所产生的电动势称为感应电动势。如果改变闭合回路的总电阻，而其他条件保持不变，重复前面的实验，则感应电流将发生相应的变化，电阻增加电流减少，电阻减少电流增加，但感应电动势却不随回路的阻值而变。这说明磁通量的变化在回路中直接产生的是感应电动势，而不是感应电流。也就是说，与感应电流相比，感应电动势是更本质的东西。

## 2.4 电磁波的应用

电磁波谱如图 2.9 所示。

无线电波一般用于通信。

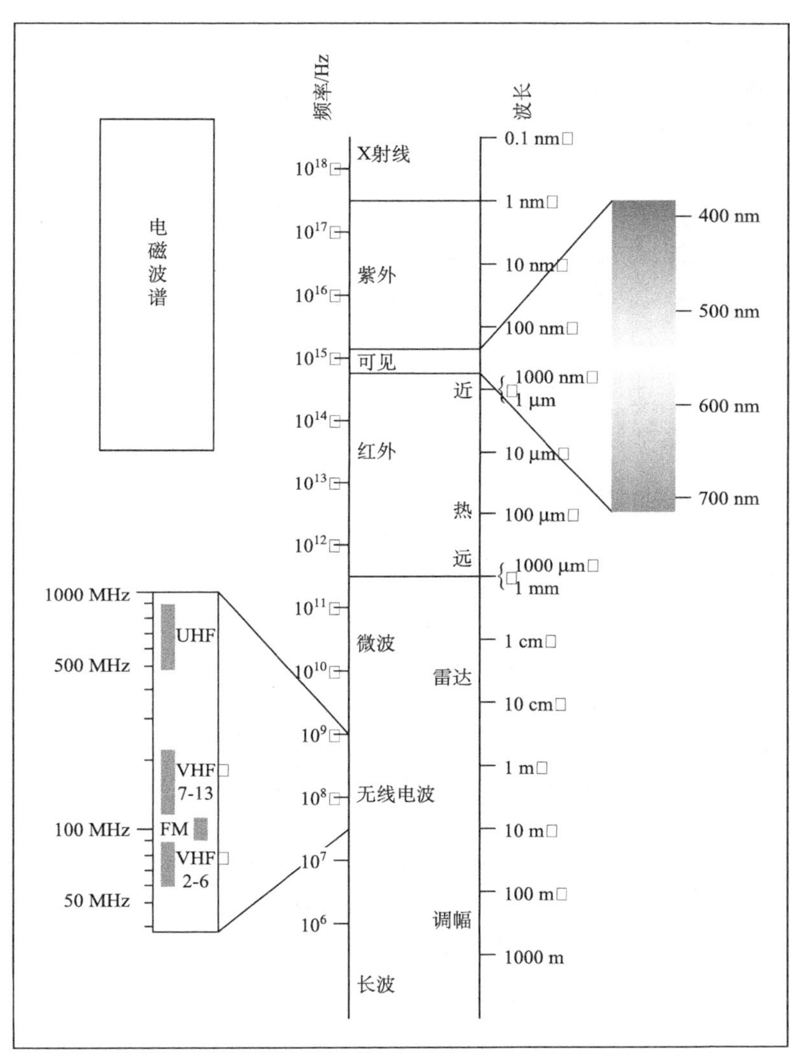


图 2.9　电磁波谱

微波用于通信、雷达定位、勘探、遥感加热（微波炉）。

红外线一般用于遥控、制热、勘探、夜视仪、治疗。

紫外线一般用于杀菌、显影（荧光物质）。

X 射线用于医疗、透视、边防检查。

γ 射线一般用于医疗（放射科）、物理放射、检测，射线有很强的穿透力，工业中可用于探伤或流水线的自动控制。γ 射线对细胞有杀伤力，医疗上用于治疗肿瘤，还用于战略核武器。

### 2.4.1　X 射线无损检测原理

在 X 射线检测的过程中，X 射线穿过待检样品，然后在图像探测器（现在大多使用 X 射线图像增强器）上形成一个放大的 X 射线图。该图像的质量主要由分辨率及对比度决定。

成像系统的分辨率（清晰度）取决于 X 射线源焦斑的大小、X 射线光路的几何放大率和探测器像素大小。微焦点 X 射线管的焦斑可小到几微米。X 射线光路的几何放大率可达到 10～2500 倍，探测器像素可小到几十微米。

成像系统的对比度取决于图像探测器的探测效率、电子学系统的信噪比和合适的 X 射线能量。目前一般的 X 射线成像技术可以获得好于 1%的对比度。

### 2.4.2　γ 射线探伤

γ 射线有很强的穿透性，γ 射线探伤就是利用 γ 射线的穿透性和直线性来探伤的方法。γ 射线虽然不会像可见光那样凭肉眼就能直接察知，但它可使照相底片感光，也可用特殊的接收器来接收。当 γ 射线穿过（照射）物质时，该物质的密度越大，射线强度减弱得越多，即射线能穿透过该物质的强度就越小。此时，若用照相底片接收，则底片的感光量就小；若用仪器来接收，获得的信号就弱。因此，用 γ 射线来照射待探伤的零部件时，若其内部有气孔、夹渣等缺陷，射线穿过有缺陷的路径比没有缺陷的路径所透过的物质密度要小得多，其强度就减弱得少些，即透过的强度就大些，若用底片接收，则感光量就大些，就可以从底片上反映出缺陷垂直于射线方向的平面投影；若用其他接收器，也同样可以用仪表来反映缺陷垂直于射线方向的平面投影和射线的透过量。一般情况下，γ 射线探伤是不易发现裂纹的，或者说，γ 射线探伤对裂纹是不敏感的。因此，γ 射线探伤对气孔、夹渣、未焊透等体积型缺陷最敏感，即 γ 射线探伤适宜用于体积型缺陷探伤，而不适宜面积型缺陷探伤。

# 第 3 讲　温度与能量

从古至今，人们都与冷热的感觉结下了不解之缘。在现实生活中，人类及众多动物的身体内部及皮肤等组织中都有一个奇妙的传感器，它与感觉体表接触、压力、机械形变等的触觉，与感觉各种气味的嗅觉，与感觉各种美味的味觉以及与感觉色彩斑斓的光线的视觉一样，都对周围的某种特定的现象特别敏感。当我们的手拿一块晶莹透明的冰时，似乎感觉到了刺骨的寒意；当我们喝一口鲜汤时，如果性急一点，却总是感觉到火辣辣的烫，如电流般从嘴里一直传到肚子里；而当我们在夏日酷热难当之际喝上一杯冰镇的饮料，凉爽的感觉便油然而生，沁人心脾；在冬季的冰天雪地中待久了，回到家中，温暖的感觉便立刻会弥漫全身，倍感舒爽和惬意……如此种种，这便是日常生活中冷、热、凉、暖的奇妙感觉。虽然在生理学上说并没有“热觉”这么一种感官组织，但实实在在的，我们体内便有着这么一种传感器，来专门感觉周围的冷与热、凉与暖。古代的人们由这些感觉而总结出了许多原始的热学规律，虽然较为含糊和表观化，却也为现代热学理论系统打下了坚实的基础。

热学起源于人类对冷热现象的探索。与温度有关的宏观物体物理性质的变化统称为热现象。热学是研究物质的热现象和热运动规律的物理学分支。

热学的研究对象是具有大数粒子的宏观系统，形成热力学方法和统计物理的方法两种研究手法。由观察和实验总结出来的热现象规律构成了热现象的宏观理论，称为热力学。可见热力学是以实验事实为基础，整个理论完全建立在两个基本定律（热力学第一定律和热力学第二定律）的基础上并通过严密的逻辑推理得到一些重要的结论。热现象的本质是组成物质的大量分子无规则运动（热运动）的集体表现，以此为立足点，统计物理学是从构成物质的大量分子所遵从的统计规律出发，讨论物质的宏观热现象，构成热现象的微观理论。热力学对热现象给出普遍而可靠的结果，以验证微观理论的正确性；统计物理学则可深入热现象的本质，使热力学理论获得更深刻的意义，并求出宏观可测量的微观决定因素。

## 3.1　事物的本性

将一块金子切成两半，再将其中一半切成两半，再将其中一半切成两半……有一个限度吗？这个问题有两种回答：一是无限分割（荒谬的）；二是有不可分的粒子（atom）组成，这是留基波和德谟克利特的“思想实验”。物质的原子论提出，所有物质均由小得看不见的微小粒子构成。原子论当时成为伽利略、牛顿等人的物理学背景的一部分，但是因为没有直接的观察结果，所以原子是否存在值得怀疑。

德谟克利特认为，我们能够在远处闻到面包的香味，所以小的面包粒子一定从面包上脱落下来飘进鼻子，这些面包粒子与面包的原子有关。1800 年前后，化学家道尔顿发现，一些物质化合成其他物质时，各物质的质量比是一个简单的比值。原子论可以解释道尔顿的观察，由此可以证明原子的存在吗？植物学家布朗几十年之后在显微镜下看到：悬浮在液体中的花粉小颗粒无规则地动来动去（图 3.1），他问：难道花粉是活的？

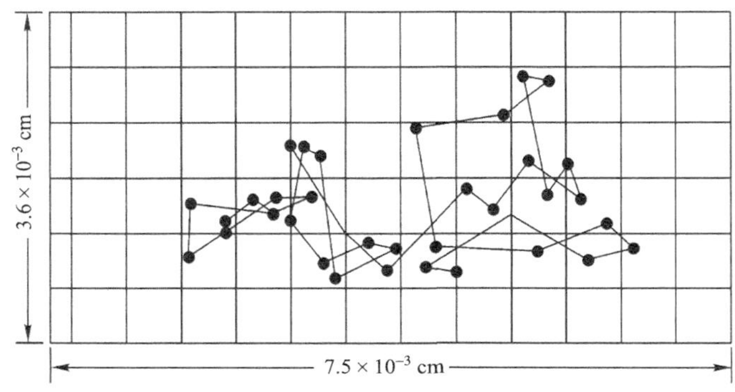


图 3.1　布朗运动

直到 19 世纪末，提出原子在不停地运动，尘埃颗粒受原子的冲撞而做无规则运动。1905 年，爱因斯坦应用已经建立的理论——分子动理论，计算尘埃这样的粒子受到运动原子的无规则撞击的详细情况，理论结果和实验测量结果一致：看不见的原子确实引起布朗运动；爱因斯坦碰巧给出了所有正确数据，结果无可争辩，原子论由此不再被怀疑。

在紫罗兰（图 3.2）的各种分子中，有一些是已知的构成紫罗兰香气的分子，为了使紫罗兰气味散布开来，香气分子必须挣脱紫罗兰。一旦进入空气，运动着的空气分子就撞击香气分子，使之四处运动，就像布朗运动。这种撞击使香气分子朝各个方向扩散，最后到达鼻子，对于原子解释事物的能力由此可窥一斑。

图 3.2　紫罗兰

原子有效直径约为 $10^{-10}$ m，非常微小，只有可见光波长的 1/5000，用扫描电子显微镜或者扫描隧道显微镜“看”：大头针针头中有 $10^{18}$ 个以上的原子，呼吸一口空气（1L）包含 $10^{22}$ 个以上的原子。微观的认识有助于了解物质的本质。原子论把周围能看到的人类尺度上的，或者说宏观的现象，与看不到的微观层次的现象联系了起来。

德谟克利特认为：甜是从俗约定的，苦是从俗约定的，冷是从俗约定的，颜色是从俗约定的。实际上，只有原子和虚空。这就是说，人们假定感觉的对象是真实的，习惯上也认为它们是真实的，但实际上并非如此。只有原子和虚空是真实的。原子就是存在的一切，原子才是实在，这就是原子唯物论。

笛卡儿认为：实在的宇宙只包含原子和它们的物理属性（本原的属性——大小和重量），感性知觉仅仅是派生的属性。科学的主要任务是利用原子解释自然现象。牛顿物理学和笛卡儿的观点是相投的，牛顿说：考虑到这一切后，在我看来，上帝开始造物时，很可能先造结实、沉重、坚硬不可入而易于运动的粒子，其大小、形状和其他一切性质以及空间上的比例都恰好有助于达到他创造它们的目的。

好的哲学观念总有好的论据与之对立。20 世纪最伟大的科学家之一玻尔是这样表述的：“一个深刻观念的标志，就是它的反命题也是深刻的。”科学的所有证据最终都来自感性知觉。直接的证据是“这香味存在”和“这个视觉图像存在”等，而原子这个理论概念是由这种直接证据派生出来的。科学不过是观察实在的一种方式。一切科学概念都是尝试性的。

历史上提出过三种原子模型：古希腊模型、行星系模型、量子模型。古希腊模型认为，原子是一种不可改变的、与小而硬的豌豆相似的单个物体，这也是笛卡儿、伽利略、牛顿的观点，19 世纪发现的元素、化合物和布朗运动是它的重要实验支持。行星系模型认为，全部物质几乎集中在极小的原子核，核由质子和中子组成，电子在环绕原子核的轨道上运行，像行星在环绕太阳的轨道上运行，这个观点得到原子核物理学、化学和电学的支持。量子模型认为，电子是一个点粒子（几何点，不占体积），位于电子力场的中心；中子和质子由更小的粒子构成，对应三个夸克的两种不同组合；夸克也是点粒子——由其力场包围的空间几何点。原子整个都是虚空，只有力场和位于这些力场中心的几何点。

事物的尺度分宏观、微观和宇观三类。宏观指物体的尺度可与人自身尺度比拟，牛顿力学可处理这类物体的运动规律。微观指原子世界或比原子更小的客体，必须由现代物理学来处理。宇观指银河系或比银河系更大的对象，“宇宙学”研究宇观世界。

## 3.2 热的本质

古希腊的德谟克利特和伊壁鸠鲁以及古罗马的卢克莱修的著作中出现了“热是物质”的说法：“热把空气一起带来，没有热也就没有空气，空气和热混合在一起。”我国古代人的“元气论”把热看成是一种“气”，它的集中表现是燃为火。

18 世纪，热质说在物理学界占统治地位，拉瓦锡和拉普拉斯等认为，热是由渗透到物体当中的所谓“热质”构成的，拉瓦锡甚至把“热质”列入化学元素表中，热质被看成是一种不可称量的“无重流体”，它的粒子彼此排斥而为普通物体的粒子所吸引。

随着热学的发展，在 17 世纪，一些著名的学者如培根、笛卡儿、玻意耳、胡克、牛顿、惠更斯、欧拉和拉普拉斯等把热看成是一种看不见的微粒的运动，即热的运动说。玻意耳曾经做过用力学方法产生热的实验，他认为钉子被敲打之后能变热，是由运动被阻产生的。培根认为，热是一种扩大的运动，它可以使物体膨胀；热是一种上升运动，热向上传导；热不是整个物体的一律运动，而是较小部分的运动；热是一种较快的分子运动。培根还补充说：“我所以说运动是类，热是种，我并不是说热能生运动，或运动能生热（在一些情形下自然是如此的），乃是说热的精英和本质就是运动，并不是别的。”

17 世纪的科学发展水平对热的运动的论证手段还不是强有力的，而且还缺乏足够的实验根据，所以不能形成科学理论。热质说的困难是热质的重量问题，许多人都研究过这一问题，但所得结果相差甚远。

伦福德通过实验确认热没有重量，热是一种运动，热量的变化不会引起重量的变化。摩擦不但能生热，而且能产生任意数量的热，这使热质说在普遍的质量守恒定律的有效性方面遭到了失败。

戴维进行了一个独创性实验。在周围的温度比冰还低的真空环境中，使两冰块相互摩擦后逐渐融化。这一结论说明，使冰块融化的热不可能从周围的空气中来，也不可能来自潜热，因为冰融化时是吸收潜热。

戴维和伦福德得出了相同的结论：热质是不存在的，热现象的直接原因是运动，戴维的真空中冰块摩擦实验称为判决实验，它由此而判决了热质说的“死刑”，为热动说提供了有力的实验证据，并为热动说的发展铺平了道路。

历史上“热质说”与“热动说”之争经历了两百余年，直到 19 世纪中叶热力学第一定律确立，热的运动说才获胜利。热是组成粒子的运动这一学说，使热和机械功的等效性在概念上可以理解，并为其相互转换提供了解释基础，也为气体分子运动理论奠定了基础。

## 3.3　热力学第零定律　温度

两个物体互相热接触，经过一段时间后它们的宏观性质不再变化，则说它们达到了热平衡状态。热力学第零定律指出：在不受外界影响的条件下，如果处于确定状态下的物体 C 分别与物体 A、B 达到热平衡，则物体 A 和 B 也必相互热平衡。从这个定律可以推证，互为热平衡的热力学系统具有一个数值相等的状态函数（平衡态状态参量的函数），这个状态函数可定义为温度。

在宏观层次上，温度是表征系统平衡态宏观性质的一个物理量，处于热平衡的两个系统，它们的温度是相同的。在微观层次上，温度是物质分子无规则运动的量度。这种微观运动在宏观上不能直接观察，观察到的是温度。随着温度的升高，微观运动也加强。

## 3.4　温度的标准——温标

为了定量地进行温度的测量，首先必须确定温度的数值表示方法，然后以此为根据对温度计进行刻度。温度的数值表示法称为温标。数值表示法包括两个方面：一是确定温度数值大小的依据；二是标度方法。具体说来又包含以下三个要素：

第一，选定测温物质及其测温属性，此属性用数值表示即某种物质的测温参量 $X$（如铂的电阻、热电偶的温差电动势等）。

第二，确定测温参量与温度之间的关系（在尚未确立任何温标之前，这种关系只是在一定经验的基础上作出的假定关系）。例如，确定为线性关系

$$t = aX + b \tag{3.1}$$

式中的 $a$、$b$ 需要由所取的两个标准温度点的数值确定。又如，确定温度与测温参量间为正比关系

$$t = aX \tag{3.2}$$

式中的 $a$ 只由一个标准温度点即可确定。

第三，确定标准温度点并规定其数值，此即标度方法。

以上三个要素实际包括了五个方面的内容，即测温物质、测温属性（测温参量）、温度与测温参量间的关系、标准温度点、标准温度点的数值。任何一种温标，在这五个方面都有确定的内容（除热力学温标不涉及测温物质外），改变其中的任何一条就成为另一种温标。下面将各种温标分类介绍如下。

（1）按标度法（三要素的第三条）不同分为：

(i) 华氏温标。由华伦海特（Fahrenheit，1686—1736，荷兰）于 1714 年建立。他最初规定氯化铵与冰的混合物为 0 ℉；人的体温为 100 ℉。后来规定在标准状态下纯水与冰的混合物为 32 ℉；水的沸点为 212 ℉。两个标准点之间均匀划为 180 等份，每份为 1 ℉。

(ii) 摄氏温标。由摄尔修斯（Celsius，1710—1744，瑞典）于 1742 年建立。最初，他将水的冰点定为 100 ℃；水的沸点定为 0 ℃，后来他接受了瑞典科学家林列的建议，把两个温度点的数值对调。1960 年国际计量大会对摄氏温标作了新的定义，规定它由热力学温标（开氏温标）导出。摄氏温度（符号 $t$）的定义为 $t/℃=T/\mathrm{K}-273.15$，$T$ 为开氏温度的符号。

(iii) 开氏温标。由开尔文（Kelvin，1824—1907，英国）于 1848 年建立。1954 年国际计量大会规定水的三相点的温度为 273.16 K。这个数值的规定有其历史的原因：①为了使开尔文温标每一度的温度间隔与早已建立并广为使用的摄氏标度法每一度的间隔相等；②按理想气体温标，通过实验并外推得出理想气体的热膨胀率为 1/273.15。由此确定－273.15 ℃为绝对温度的零度，而冰点的绝对温度为 273.15 K；③将标准温度点由水的冰点改为水的三相点（相差 0.01 ℃）时，按理想气体温标确定的水的三相点的温度就确定为 273.16 K。

(2) 按测温依据（包括测温物质、测温参量 $X$ 及其与温度间的关系）的不同分为：

(i) 经验温标。利用某一特定测温物质的某特定测温属性随温度的变化关系而确定的温标，习惯上常称为某某温度计，如水银温度计、酒精温度计、铂电阻温度计、定容氢气温度计等。

一般说来，按同一标度法（如开氏）但用不同测温物质的同一测温参量（如规定铜-康铜温差电偶其温差电动势与温度 $T$ 成正比；铜-钢温差电偶其温差电动势与温度 $T$ 成正比）；或同一物质不同测温参量（如水银的体积与温度 $T$ 成正比，水银的电阻与 $T$ 成正比）；或不同测温物质不同测温参量（如铜-康铜开氏标度法、铂电阻开氏标度法）所建立的不同温标制成的不同的温度计，去测量同一待测系统、同一平衡态的温度时，它们的读数并不严格一致。这是因为不同物质的不同属性随温度的变化关系并不相同。因此，规定某一测温物质的测温属性随温度变化为正比关系而建立起一种经验温标，再用按这种温标做成的温度计去测量其他测量属性随温度的变化关系，它就一般不再是正比关系了。然而在建立不同温标时，却又分别规定它们与温度成正比关系。这样制成的各个温度计必然会造成读数上的差别。例如，用铜-康铜（开氏标度法）温度计和铂电阻（开氏标度法）温度计同时测量氮的正常沸点，前者的读数为 32 K 而后者为 54.5 K。这个问题，对度量衡而言是一个严重的问题。为寻求理想的标准温标（不因测温物质、测温参量不同而读数出现差异）经历了由经验温标—半理论性温标—理论性温标的漫长过程。

(ii) 半理论性温标——理想气体温标。与经验温标相比，理想气体温标的优点在于它与任何气体的任何特定性质无关。无论用何种气体，在外推到压强为零时，由它们所确定的温度值都一样。但是，理想气体温标毕竟还要依赖于气体的共性，对极低温度（氦气在低于 $1.01\times10^{5}$ Pa 的蒸气压下的沸点 1 K 以下）和高温（1000 ℃以上）不适用。并且，理想气体温标在具体操作上也不够便捷。

(iii) 理论温标——热力学温标。众所周知，在热力学温标中，热量 $Q$ 起着测温参量的作用，然而比值 $Q_1/Q_2$（$Q_1$ 为可逆机从高温热源吸收的热量，$Q_2$ 为可逆机向低温热源放出的热量）并不依赖于任何物质的特性。因此，热力学温标与测温物质无关。

当然，任何一种温标都必须是某种测量依据与某种标度法的结合。一般来说，任何一种标度法可以用于不同的测温物质的某种测温参量，如水银摄氏温度计、酒精摄氏温度计；任何一种测温参量也可以采用不同的标度法，如理想气体开尔文温标、理想气体摄氏温标。但是以热量 $Q$ 为测温参量的热力学温标，其标度法只取开氏标度法，所依据的是热力学第二定律，这是它与其他温标根本不同之点。

(3) 协议性温标。热力学温标是不依赖任何具体测温物质及其测温属性的温标，当然是最理想的温标。但是，我们无法制造出可逆热机，因而无法测出可逆热机从高温热源吸收的热量与向低温热源放出热量之比。但是当理论上证明，选用开尔文标度法，按热力学温标测定的温度与按理想气体温标测定的温度相同时，就可以用理想气体温标来实现热力学温标。

由于由理想气体温标测温程序复杂，极不方便快捷，并有一定的适用范围。国际计量大会曾多次开会讨论制定国际实用温标，以便能简单、方便、正确地测量温度。1927 年拟定了第一个国际实用温标（International Temperature Scale，ITS—27）。以后随着科学技术的不断发展，经 1948 年、1960 年、1990 年历次国际计量大会的修订，国际实用温标日臻完善。国际实用温标的基本思想是：将温度范围分成几个区域，每个区域采用操作起来较为简便的温度计。但它们的刻度均以热力学温标逼近，即在不同的温区有不同的标准公式。这样，在温度计上的刻度不一定是均匀的，但测出的温度却尽可能接近热力学温度。协议性温标随科学技术水平的提高不断改进，以便缩小国际实用温标与热力学温标之间的差距。例如，更精确地测定标准温度点的温度；修正内插公式；改进基准温度计等。1990 国际温标代号为 ITS—90，其要点如下：①以热力学温标为基本温标；②热力学温度以符号 $T$ 表示，单位为开尔文，简称为开，符号 K；③1 K 的大小定义为水的三相点热力学温度的 1/273.16；④摄氏温度（符号为 $t$）规定由热力学温度导出，其定义为 $t=T-273.15$。摄氏温度的单位称为摄氏度，符号为℃，其大小与开尔文相同；⑤划分四个温度段，指定各温度段的基准温度计：0.65～5.0 K，在此温度段，基准温度计为$^3$He、$^4$He蒸气压温度计；3.0～24.5561 K（氖的三相点），在此温度段，基准温度计为$^3$He、$^4$He定体气体温度计；13.8033（平衡氢的三相点）～1234.93 K（银的凝固点），在此温度段，基准温度计为铂电阻温度计；1234.94 K以上，根据普朗克辐射定律定义。

## 3.5 绝对零度的探索

从18世纪末到19世纪中期，通过降温和压缩的方法先后实现了氨、氯气、硫化氢、二氧化硫、乙炔、二氧化碳等气体的液化。1863年，发现了气液转换的关键问题“临界点”。在“临界温度”以上，压力无论怎样加大，气体都不可能液化。1875～1880年，德国工程师林德（Linde）根据焦耳-汤姆孙效应，采用“循环对流冷却法”制成了气体压缩式制冷机，发展了气体液化技术，导致氧气、氢气液化的成功。1877年盖勒特（Gailletet）在巴黎液化了氮气和氧气。1898年，杜瓦在伦敦液化了氢气；1902年法国工程师克劳德（Claude）液化了空气。1908年7月9日，荷兰物理学家昂内斯（Onnes，1853—1926）在莱顿大学他所建立的低温实验室里实现了1.15 K的低温后，才将氦气液化了，从而消除了最后一种“永久气体”。1933年，磁冷却设备首次研制成功，用顺磁盐绝热去磁方法获得了0.25 K的低温，1950年又获得了$10^{-3}$ K的低温。1956年，牛津大学西蒙爵士与柯蒂及其合作者，用原子核绝热去磁法获得0.000 016 K的低温（存在仅1 min）。1979年芬兰科学家罗纳斯玛（Lounasmaa）采用两级原子核去磁法，核自旋温度降到$5\times10^{-8}$ K，这是至今人类技术获得的最低温度。

超导是超导电性的简称，它是指金属、合金或其他材料电阻变为零的性质。超导现象是荷兰物理学家昂内斯首先发现的。1911年他在测量一个固态汞样品的电阻与温度的关系时发现，当温度下降到4.2 K附近时，样品的电阻突然减小到仪器无法觉察出的一个小值。

## 3.6 温室效应

太阳不断向四面八方发出射线，这些射线的波长段是在紫外光到红外线之间。这些太阳射线在通过大气层时不太会被空气中的气体所吸收。当这些射线到达地球表面时，它们就会被物体所吸收，转成了热，所以地球表面和海面也是暖的。这些“热”了的物体也因它们“热”了，而放射出另一种波长较长的射线（红外线），向四面八方散射。地球射出的红外线在经过大气层时，会被气体（如水蒸气、臭氧、二氧化碳和其他的气体）所吸收，这些可以吸收红外线的气体可统称为“温室气体”。这些气体在吸收了这些红外线并将其转化成热，因而令附近的温度上升。这些气体与地面上的物质一样，“热了”也会散射出红外线。一些会射向外层空间，一些则会反射回地面。太阳投射到地球的能量中 30%被大气层反射到了宇宙空间，23%被大气吸收，只有 47%到达地球。按地球能量收支平衡，地球平均温度应为－18 ℃，但实际上地球的平均温度却高出这个温度 33 ℃，即 15 ℃左右。地表向外放出的长波热辐射线被大气吸收，使地表与低层大气温度升高，其作用类似于栽培农作物的温室，故称为温室效应。如果大气不存在这种效应，则地表温度将会下降约 33 ℃或更多。反之，若温室效应不断加强，全球温度也必将逐年持续升高。

随着人口的增长及工业化进程加快，大气中的 $CO_2$ 含量增长，现在比没有实现工业化以前增加了约 25%，在过去的一个世纪中，由于大气中 $CO_2$ 含量的增加，地球的平均温度约增加了 1℃ 。森林的被毁，使得其调节气温的作用减少，本来进入大气中的 $CO_2$ 约有 2/3 的量可被植物吸收，但是森林面积急剧减少，致使森林吸收 $CO_2$ 的量及送入大气中的 $O_2$ 的量均显著下降，这是导致“温室效应”加剧的另一个重要原因。

科学家预测，大气中 $CO_2$ 每增加 1 倍，全球平均气温将上升 1.5～4.5 ℃，而两极地区的气温升幅要比平均值高 3 倍左右。因此，气温升高不可避免地使极地冰层部分融化，引起海平面上升。海平面上升对人类社会的影响是十分严重的，这就是温室效应的后果。

## 3.7　能量守恒与转换

能量是物理学中的一个抽象概念，但能量又是真实的。现在坐着的椅子可能会从自然界中消失掉，但能量绝不会被消灭。事实上，这把椅子正是由能量构成的。宇宙中发生的每一件事都包含着这样或那样的能量转换。能量是做功的本领。功是能量的传递。功减少了做功系统的能量，增加了接收功的系统的能量。这两个能量的变化值都等于所做的功（功是能量的传递）。功是过程量，能量是状态量。存在八种形式的能量：由运动产生的动能；由引力产生的引力能；物体变形后要恢复原样所具有的弹性能；物体因它的温度而具有的热能；由电磁力产生的电磁能；电磁波携带的能量辐射能；来自一个系统的分子结构的化学能量；来自原子核的结构的核能。

任何过程的所有参与者的总能量在该过程中始终保持不变。也就是说，能量不能被创造或消灭。能量可以转换（从一种形式变成另一种形式），也可以传输（从一个地方传送到另一个地方），然而其总量永远相同。

在认识能量的过程中，一项重大突破就是发现热实际上是能量的一种形式。

与其他形式的能量一样，热可以做功，做功也能生热。传递热量和做功是能量传递的两种方式。就热力学能的变化来说，外界对系统做功和传递热量是等效的。

# 第 4 讲　光学与现代光技术

## 4.1　光的波动性

### 4.1.1　光与光学

光是一种重要的自然现象。我们之所以能够看到客观世界中斑驳陆离、瞬间万变的景象，是因为眼睛接收物体发射、反射或散射的光。由于光与人类生活和社会实践的密切联系，光学也和天文学、几何学、力学一样，是一门最早发展起来的学科。

光学的起源可追溯到古代：春秋战国时期，墨翟及其弟子所著的《墨经》中，就记载着光的直线传播及光在镜面上的反射。并提出了一系列经验规律，把物和像的位置及其大小与所用镜面的曲率联系起来。然而，此阶段光学发展比较缓慢。人们对光的研究虽然取得了一定的成就，如光的直线传播、小孔成像等，但只是零星的、唯象的，并不涉及光的本性问题。直到 17 世纪后半叶，牛顿和惠更斯等的工作出现，才把光学引上了发展的道路，并对光的本性进行了深入探讨。

### 4.1.2　牛顿的微粒说与惠更斯的波动说

牛顿主张微粒说，并试图用力学的观点来说明光的现象。其主要观点是：光微粒质量很小，忽略重力作用，它将沿直线运动，这对应于光的直线传播；光微粒射到镜面就会像弹性小球那样被弹回，入射角等于反射角，这对应光的反射；光微粒行进到水或玻璃时将受到媒质的拉力，从而使光沿着垂直于媒质方向分速度增加，而沿水平方向的速度不变，这样，当光进入媒质时运动方向改变，这对应于光的折射现象。

然而，牛顿主张媒质中的光速比空气中的光速大。另外，牛顿的微粒说无法解释两束光可以彼此交叉通过而互不干扰；在解释牛顿环时，牛顿的微粒说同样遇到了困难；同时，这一微粒说的假设也难以解释光在绕过障碍物时所发生的衍射现象。

牛顿强调微粒说的同时，荷兰物理学家惠更斯发展了波动说。他认为光是一种波动，是以球面波的形式传播的。他还提出惠更斯原理：如图 4.1 所示，波面上任一点都可看作次级子波源，发出球面次波，它们的包络面为下一时刻新的波前。惠更斯利用他的次波假设解释了光的反射、折射和双折射想象。例如，惠更斯这样解释折射现象：如图 4.2 所示，一束波前为平面的平行光束从空气进入水或玻璃等媒质。若假定媒质中的波速比空气小，由于左侧光线先进入媒质，这时将以较小的速度行进。所以当整个光束进入媒质时，它的波前平面将折过一个角度，根据几何学关系，可立即得出入射角 $\theta$ 与折射角 $\theta'$ 之间存在以下关系：

$$\sin\theta'/\sin\theta = v'/c \tag{4.1}$$

这就是斯涅耳折射定律。牛顿的微粒说与惠更斯的波动说都能解释光的直线前进、反射、折射等现象。然而，为了解释折射现象，牛顿假设媒质中光速比空气中大，而惠更斯假设媒质中光速比空气中小。当时尚未有测量光在媒质中传播速度的方法，因此无法判断哪种说法正确。直到 19 世纪初，托马斯·杨做了关于光的干涉效应的实验后，才使光的波动学说占据了统治地位。

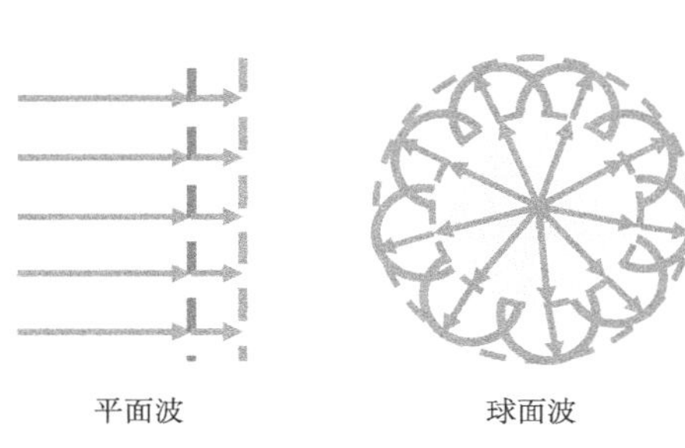


图 4.1　惠更斯次波原理

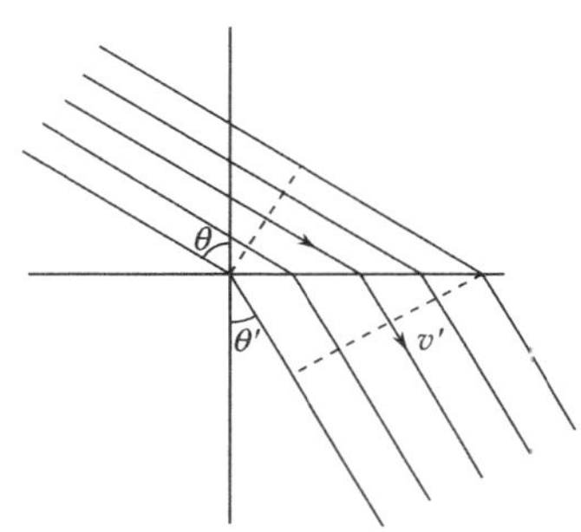


图 4.2　惠更斯"波动说"解释光的折射

### 4.1.3　光的波动性

1. 光的干涉

如果两波频率相等，在观察时间内波动不中断，而且在相遇处振动方向几乎沿着同一直线，那么它们叠加后产生的合振动可能在有些地方加强，在有些地方减弱，这一强度按空间周期性变化的现象称为干涉。干涉现象是波动的特性。到了 19 世纪，初步发展起来的波动说的体系已经形成。1801 年，托马斯·杨最先利用干涉原理解释了白光照射下薄膜颜色的由来并做了"杨氏双缝实验"，说明了光的波动性。杨氏实验装置如图 4.3 所示，在普通单色光源前面放置一开有小孔 S 的屏，作为单色点光源。在 S 的

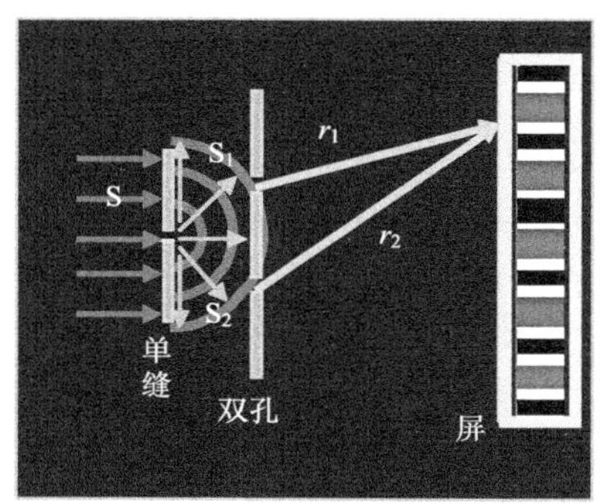


图 4.3　杨氏实验

照明范围内再放一个开有两个小孔 $S_1$ 和 $S_2$ 的屏。按照惠更斯原理，$S_1$ 和 $S_2$ 将作为两个次波源向前发出球面次波，形成交叠的波场。在较远处放一接收屏，屏上即可观察到一组几乎是平行的明暗相间条纹。为了提高干涉条纹亮度，实际上 S、$S_1$、$S_2$ 用三个互相平行的狭缝。在激光出现以后，人们可以用氦氖激光光束直接照明双孔，在屏幕上即可观察到相当明显的干涉条纹。

设次波源 $S_1$ 和 $S_2$ 发出光波的光振幅分别为 $A_1$ 和 $A_2$，其到达屏幕上某一点时的相位差为 $\Delta\varphi$，根据光的叠加原理，两光波到达屏上某一点时的合振幅为

$$A^2 = A_1^2 + A_2^2 + 2A_1A_2\cos\Delta\varphi \tag{4.2}$$

由式（4.2）可见，两列波叠加后的强度并非是简单的两个光源分别单独存在时的强度之和 $A^2=A_1^2+A_2^2$，还必须考虑一个修正项 $2A_1A_2\cos\Delta\varphi$。这个修正项体现出干涉效应，无论修正项的正负，都称其为干涉。如果干涉项为正，称为干涉相长；如果为负，称为干涉相消。当 $\Delta\varphi=2j\pi$（$j=0$，$\pm1$，$\pm2$，…）时，$\cos\Delta\varphi=1$，合振幅 $A^2=A_1^2+A_2^2+2A_1A_2=(A_1+A_2)^2$，光强最大；当 $\Delta\varphi=\pm(2j+1)\pi$（$j=0$，1，2，…）时，$\cos\Delta\varphi=-1$，合振幅 $A^2=A_1^2+A_2^2-2A_1A_2=(A_1-A_2)^2$，光强最小。若 $\Delta\varphi$ 为其他值，$\cos\Delta\varphi$ 在 $\pm1$ 之间变化。

### 2. 光的衍射

所谓衍射，就是指光在传播过程中遇到障碍物时，能够绕过障碍物的边沿传播而进入几何阴影，并在屏幕上出现光强分布不均匀的现象，如图 4.4 所示。1815 年，菲涅耳利用杨氏干涉原理补充了惠更斯原理，形成了人们所熟知的惠更斯-菲涅耳原理：波前 $S$ 上每一个面元 d$S$ 都可以看作新的子波源，发出球面子波。波场中任一点 $P$ 的光振动是所有这些子波源在该点产生的光振动的相干叠加。运用这个原理，不仅能解释光在均匀的各向同性的介质中的直线传播现象，还能解释光在遇到障碍物时所发生的衍射现象。

图 4.4　圆孔衍射图样

### 3. 光的偏振

波动可分为两种：波的振动方向和传播方向相同的波称为纵波，波的传播方向与振动方向相互垂直的波称为横波。在纵波的情况下，波的振动状态对传播方向具有轴对称性。对横波来说，在某一瞬间通过波的传播方向且包含振动矢量的那个平面显然和其他不包含振动矢量的任何平面有区别，这通常称为波的振动方向对传播方向没有对称性。波的振动方向对传播方向的不对称性称为偏振，它是横波区别于纵波的一个明显的标志，只有横波才有偏振现象。光的干涉和衍射现

象表明光是一种波动。但这些现象还不能告诉我们光是纵波还是横波。1808 年，马吕斯偶然发现了光在两种介质界面上反射时的偏振现象，为了解释这一现象，杨氏在 1817 年提出光波为一横波的假设，菲涅耳进一步完善了这一观点，并导出了菲涅耳公式。

### 4.1.4　光的电磁理论

1845 年，法拉第发现了光的振动面在强磁场中的旋转，从而揭示了光学现象与电磁现象的内在联系。1865 年，麦克斯韦在前人的基础上，建立了著名的电磁理论，这个理论预言了电磁波的存在，并指出电磁波的速度与光速相同。因而麦克斯韦确定光是一种电磁现象，即波长较短的电磁波。1888 年，赫兹（Hertz）实验发现了波长较长的电磁波——无线电波，具有反射、折射、干涉、衍射等与光波类似的性质。后来的科学实验又证明，红外线、紫外线和 X 射线也都是电磁波，它们彼此的区别只是波长不同，由此确立了光的电磁理论。

## 4.2　光的粒子性

19 世纪末至 20 世纪初，光学的研究深入到光的发生、光和物质的相互作用的微观机制中。光的电磁理论的主要困难是不能解释光电效应实验、康普顿散射、黑体辐射等光和物质相互作用的某些现象。1900 年，普朗克提出了辐射的量子论，认为各种频率的电磁波只能以一定的能量子方式从振子发射，能量子所具有的能量是不连续的，从而成功解释了黑体辐射问题。1905 年，爱因斯坦发展了普朗克的能量子假设，把量子论贯穿到整个辐射和吸收过程中，提出了杰出的光量子理论，圆满解释了光电效应。

### 4.2.1　光电效应

金属表面受到光的照射，有电子逸出，这种现象称为光电效应。逸出的电子称为光电子。如图 4.5 所示，光经石英窗口照射阴极，有电子逸出，受电场加速，向阳极移动形成电流（光电流）。

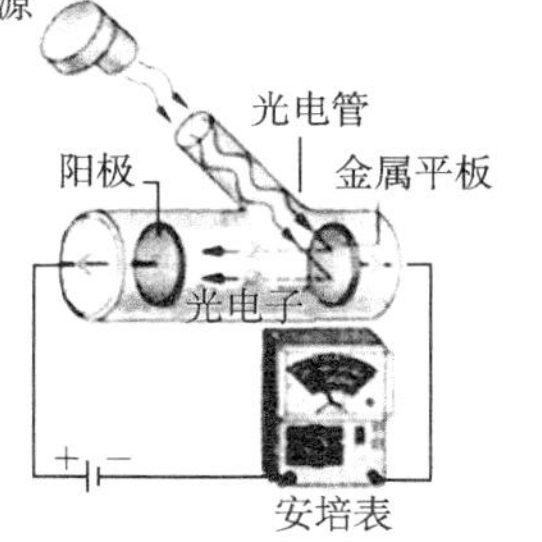

图 4.5　光电效应示意图

实验发现光电效应遵循以下规律：饱和电流的大小与入射光的强度成正比，也就是单位时间内逸出的光电子数目与入射光强度成正比；光电子的最大初动能与入射光的强度无关，只与入射光的频率有光；对于一定的金属，存在一截止频率 $\nu_0$，当照射光的频率 $\nu$ 小于这个截止频率时，无论光强多大，都不会引起光电效应；光的照射与光电子的逸出几乎是同时的。

这些实验规律无法用经典物理的图像解释。按光的电磁理论，光照在金属上，金属中的电子做受迫振动，光强越大，电子吸收的能量越大，光电子初始动能也越大。但事实是，光电子初始动能与光强无关，而与频率成正比。按波动理论，无论入射光频率有多大，只要光强足够大，总可以使电子吸收的能量大于阴极金属的脱出功，从而产生光电效应，但实验表明，只要入射光频率小于某一值，无论光强多大也没有光电效应。按经典理论，光强大时电子能量积累时间短，光强小时电子能量积累时间长。但实验证明，弛豫时间与光强无关。

1900 年，普朗克提出了辐射的量子理论，认为各种频率的电磁波只能以一定的能量子方式从振子发射，能量子所具有的能量是不连续的，其大小只能是电磁波的频率与普朗克常数乘积的整数倍。1905 年，爱因斯坦在普朗克能量子假说的基础上，提出了光子假说，很好地解释了光电效应。他认为，当光束和物质相互作用时，其能流并不像波动理论所想象的那样是连续分布的，而是集中在一些称为光子（或光量子）的粒子上，但对这种粒子仍保持着频率（及波长）的概念。光子的能量为

$$E = h\nu \tag{4.3}$$

爱因斯坦认为，光不仅发射和吸收时能量是量子化的，而且光在辐射过程中，能量也是量子化的，辐射能集中在一个一个的光子上。光子打在金属表面上，每个电子一次或者吸收一个光子，或者不吸收，由能量守恒定律得

$$h\nu = \frac{1}{2}mv_0 + A = eV_0 + A \tag{4.4}$$

式（4.4）称为爱因斯坦方程。由式（4.4）可见，若光子的频率太低，小于 $\nu_0 = A/h$，则电子从光子获得的能量子不足以使它克服金属表面的吸引力而逸出。这时，金属表面尽管有光照射，但不会产生光电流。另外，爱因斯坦认为，入射光强大意味着光子流密度大，饱和电流 $i_m = ne$，因而饱和电流与光强成正比；由于电子接受光子是瞬时的，不需要时间的积累，因而光电子释放和光照几乎是同时的。

1916 年，密立根采取多种措施消除了各种误差因素，终于在很小的误差范围内第一次用实验直接证实了爱因斯坦的光电效应方程，同时也第一次直接从光电效应测量了普朗克常量，其误差为 0.05%。普朗克用量子说成功地揭示了黑体辐射，爱因斯坦用光量子说成功地解释了光电效应，密立根用实验证明了光电效应的正确性。他们因这方面的成就分别获得了诺贝尔物理学奖。

### 4.2.2　康普顿效应

1922 年，康普顿在研究碳、石蜡等物质中的散射时发现，散射光中出现新

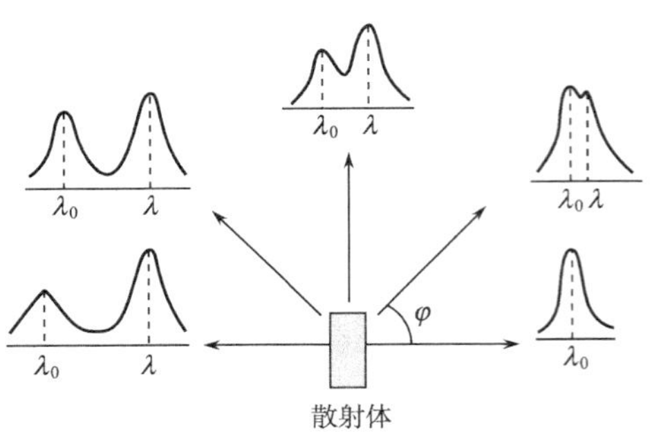


图 4.6　康普顿散射

的波长成分，进一步研究发现散射光中波长的改变量 $\Delta\lambda$ 只与散射角有关，与散射物质和原入射光波波长 $\lambda_0$ 都无关(图 4.6)，这种现象称为康普顿效应。经典电磁理论是无法解释康普顿效应的，当电磁波（这里是 X 射线）通过物质时，物质中带电粒子将做受迫振动，其频率等于入射光频率，不应出现新频率的光。

但是如果把 X 射线看成光子流，就很容易解释这种现象。X 射线射到石墨上，X 射线的光子与石墨原子的电子发生碰撞作用，光子把自己的一部分能量传递给电子，电子能量增加，光子能量减小。根据能量子公式

$$E = h\nu = \frac{hc}{\lambda} \tag{4.5}$$

可知能量减小时，光子对应波长增加，从而出现康普顿散射。

光子不仅具有能量，还有动量，光子动量为

$$p = \frac{h}{\lambda} \tag{4.6}$$

式中，$\lambda$ 是电磁波波长。

由此可见，不仅通常的实物具有微粒结构，电磁场也具有微粒结构，构成电磁场的基本粒子就是光子。康普顿散射实验不仅有力地支持了爱因斯坦“光量子”假设，还首次在实验上证实了“光子具有动量”的假设，即光的量子的、微粒的性质，尤其是光子具有能量、质量、动量以及光在和物质发生相互作用时上述量的守恒性，在康普顿观察的 X 射线散射实验中，更明显地表现出来。康普顿因在这方面的成就于 1927 年获诺贝尔物理学奖。

## 4.3　光的波粒二象性

干涉和衍射表明光是波，黑体辐射和光电效应又表明光是粒子。那么，光究竟是波还是粒子呢？研究表明，光既是波又是粒子，它的运动方式显示波动性，与实物相互作用时又显示粒子性，这就是光的波粒二象性。

1925 年，玻恩提出了波粒二象性的概率解释，建立了波动性与粒子性之间的联系，指出光和微观粒子都具有波粒二象性。一束光通过底片照在屏幕上，图像中亮的部分，是因打上去的光子数目较多，暗的部分则是打上去的光子数目较少。实验表明，光子是一个一个打上去的，逐渐形成图像。为了看清这一过程，

科学家让光源发射光子的密度很稀，光子似乎是一个一个射出，通过底片打在屏幕上。图 4.7 显示了图像逐渐形成的过程。

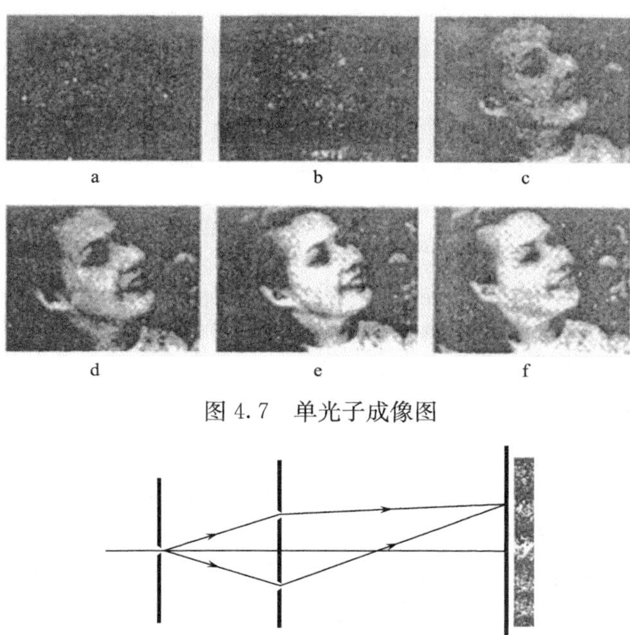


图 4.7　单光子成像图

图 4.8　单光子双缝干涉实验

图 4.8 和图 4.9 描述了单光子双缝实验及其成像过程。图 4.8 显示的是与杨氏双缝干涉实验相类似的双缝干涉实验，不同的是现在要控制光源，让它很慢地发射光子，使光子几乎是一粒一粒地离开光源，通过双缝进行干涉，然后打在屏幕上，逐渐形成图像。图 4.9 显示了干涉条纹形成的过程。

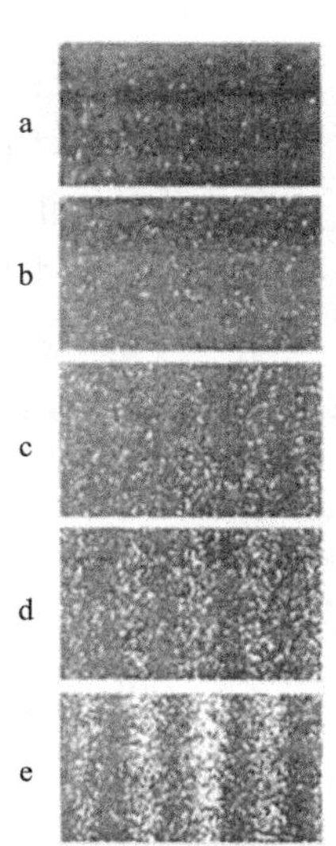


图 4.9　单光子双缝实验中干涉条纹的形成

人类关于波粒二象性的认识并没有停留于此，1924 年爱因斯坦提出光子概念后不到 20 年，年轻的法国物理学家德布罗意提出了“物质波”概念。他认为不仅光具有波粒二象性，所有的实物粒子都具有波粒二象性。实际上正是人们正确认识到了微观粒子所具有的波粒二象性的特征，才建立起了描述其运动状态变化规律的量子力学理论。

## 4.4　现代光技术简介

20世纪中期，光学本身发生了极为深刻的演变，光学领域中发生了三件大事：1948年出现了全息术；1955年第一次提出用光学传递函数来评价光学系统成像质量的概念，这些概念后来又发展成为信息光学；1960年诞生了新光源——激光器。这三件大事成为经典光学向现代光学过渡的标志。

### 4.4.1　激光

激光（light amplification for stimulated emission of radiation，LASER）是原子（分子）系统在受激辐射放大过程中，产生的一种具有高亮度、高方向性、高强度、好的单色性（相干性）的光。激光是20世纪60年代初出现的一种新型光源。常用的普通光源有照明用的，如蜡烛、白炽灯、日光灯、太阳灯；有光谱实验和计算等技术上用的，如钠灯、汞灯、氪灯等。与普通光源相比，激光具有一系列独特的优点。它一出现，就引起了人们的普遍重视，并很快在生产和科学技术上得到了广泛的应用。

“激光”最早的理论是爱因斯坦在1916年提出的，他在研究原子通过能级跃迁吸收或发射光子时，提出了“受激辐射”这一概念。爱因斯坦认为，原子吸收光子，从低能级跃迁到高能级只有一种形式。而原子从高能级跃迁到低能级并发射光子则有两种形式：一种是自发辐射，处于高能级的原子，在没有外界影响的条件下，会有一定的概率从高能级自发地跳到低能级并发射光子；另一种是受激辐射，当一个能量恰等于两个能极差的光子入射过来时，会“刺激”处于高能级的原子，使它跃迁到低能态，同时发射出与入射光子同频率、同偏振、同相位、同运动方向的光子，似乎使一个光子变成了两个或多个相同的光子，出射光得到加强（图4.10）。他用量子力学做了计算，得到了吸收系数、自发辐射系数和受激辐射系数之间的关系。

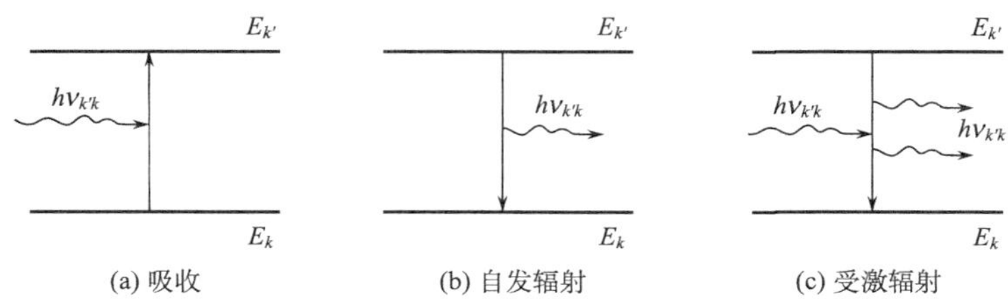


图4.10　光的吸收、自发辐射和受激辐射

1958 年，肖洛（Schawlow）和汤斯（Townes）预言，当用某些物理手段使大量原子处于上述高能级状态而形成粒子数反转时，如果发生一次自发辐射，有关光子就将“刺激”这批处于激发态的原子，使它们一下子从高能级跌落下来，发生“雪崩”，产生出与第一个光子同方向、同频率、同偏振、同相位的大量光子，形成一束极强的单色光。这种受激辐射造成的光放大就是“激光”。

如图 4.11 所示，激光器的基本结构包括三个组成部分：工作物质，粒子数分布反转的介质，称为激活介质，对光辐射有放大作用；光学谐振腔，使随机受激辐射变为单一方向、单色性好的激光；激励能源，激活工作物质。

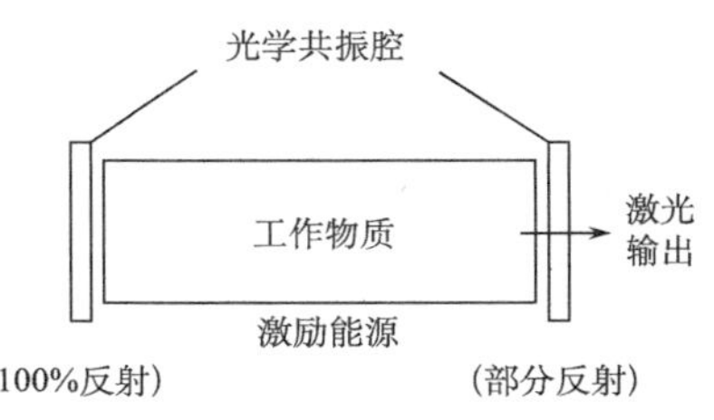


图 4.11　光学谐振腔

自从 1960 年在实验室中研制成第一台激光器以来，各种激光器的研制和各种激光技术的应用发展突飞猛进。至今，作为激光器的工作物质非常广泛，有固体、气体、液体、半导体、燃料等，种类繁多。激光的强度大、单色性好，因而可用于通信、国防、研究物质结构、光电子技术与信息科学、生命科学等领域。

### 4.4.2　全息照相

全息照相就是一种记录被摄物体光波中全部信息的先进照相技术。全息照相不用一般的照相机，而要用一台激光器。“全息”是指物体发出的光波的全部信息，既包括振幅或强度，也包括相位。

拍摄全息照片的基本光路大致如图 4.12 所示，一激光光源（波长为 $\lambda$）的光分成两部分：直接照射到底片上的称为参考光；另一部分经物体表面散射的光也照射到照相底片，称为物光。参考光和物光在底片上各处相遇时将发生干涉，底片记录的即是各干涉条纹叠加后的图像。全息照相具有以下两个特点：全息照片衍射形成的立体虚像是一个真正立体的，当人眼换一个位置时，便可以看到物体的侧面像，即物体上原来被挡住的部分也可以看到；即使是全息照片的一块残片，也可以看到整个物体的立体像。因为拍摄照片时，物体上的点发出的物光在整个底片上处处与参考光发生干涉，也就是说，在底片上处处都有某一点的记录。激光出现以后，1962 年，盖柏拍出第一张全息照片，并因发明和发展了照相法而获得 1971 年诺贝尔物理学奖。

全息照相具有三维成像的特点，可重复记录，而且每一小块全息底片都能再现物体的完整特征，其用途十分广泛，可用于精密干涉计量、无损探伤、全息光弹性、微应变分析和振动分析等科学研究。利用全息干涉术研究燃气燃烧的过程、机械件的振动模式、蜂窝板结构的黏结质量和汽车轮胎皮下缺陷检查等已得

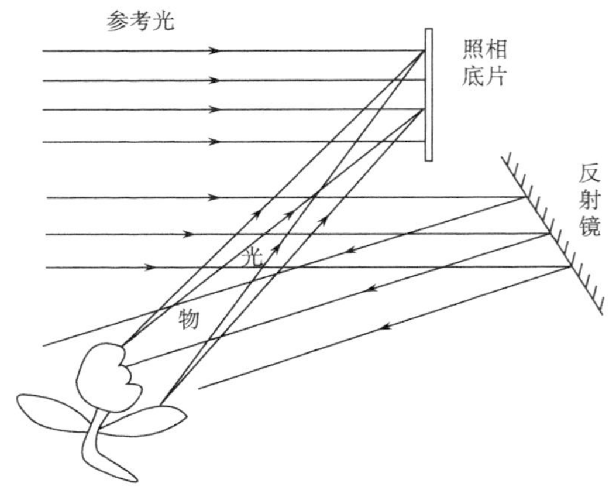


图 4.12　全息照相原理图

到广泛应用。全息照相用作商品和信用卡的防伪标记已形成产业，正在发展的全息电视还将为人类带来一场新的视觉革命。

# 第 5 讲　天文学漫谈

## 5.1 引　言

天文学是一门最古老的科学，其起源可以追溯到人类文明的萌芽时代，它同数学、物理学、化学、生物学、地学并称为六大基础自然学科。在晴朗的夜晚，抬头仰望星空，无论是那璀璨的银河和满天的繁星，还是那轮银色的月亮，亦或偶尔划破夜空的一颗流星，无不引起人们的好奇心和求知欲。天文学在人类早期文明中占有非常重要的地位，顾炎武《日知录》有云："三代以上，人人皆知天文：七月流火，农夫之辞也；三星在户，妇人之语也；月离于毕，戍卒之作也；龙尾伏辰，儿童之谣也。"可见古代的人们普遍知道一些天文知识。对于当代追求高尚知识素养的大学生来说，无论现在学习什么专业，将来从事何种职业，天文学的基本知识都是值得学习的。温家宝总理 2007 年在同济大学对大学生讲道："一个民族有一些关注天空的人，他们才有希望；一个民族只是关心脚下的事情，那是没有未来的。我们的民族是大有希望的民族！我希望同学们经常地仰望天空，学会做人，学会思考，学会知识和技能，做一个关心世界和国家命运的人。"

灿烂的星空永远那么神秘而和谐、庄严而静谧，令人心驰神往，遐思无限，心灵得到净化。正如 18 世纪德国著名哲学家康德所言："世界上有两件东西能够深深地震撼人们的心灵，一件是我们心中崇高的道德准则，另一件是我们头顶上灿烂的星空。"在此我引用温家宝总理的诗作《仰望星空》与大家共勉：

我仰望星空，它是那样寥廓而深邃；那无穷的真理，让我苦苦地求索、追随。

我仰望星空，它是那样庄严而圣洁；那凛然的正义，让我充满热爱、感到敬畏。

我仰望星空，它是那样自由而宁静；那博大的胸怀，让我的心灵栖息、依偎。

我仰望星空，它是那样壮丽而光辉；那永恒的炽热，让我心中燃起希望的烈焰、响起春雷。

为使学生对天文学有所了解，也由于天文学与物理学不可分割的内在联系，本书特意安排一讲"天文学漫谈"，简单介绍天文学的发展历史、天文学的研究对象和研究方法、天文望远镜的基本类型和发展历程、天文学未来的重大研究课题等，希望以此抛砖引玉，引起学生对天文学的兴趣和爱好。

## 5.2 天文学发展简史

天文学是一门最古老的科学，如果从人类观测天体、记录天象算起，天文学的历史至少已经有五六千年了。我们的祖先很早以前就根据星星的方位变化和运行规律，辨别方向，推算历法，划定四季，指导农耕。公元前 1300 年，商朝就已确定太阳年为 365.25 天，在那时的历法中，一年有 12 个月，每月有 30 天，并设置闰月使其与太阴年保持一致，这与我们现在使用的起源于儒略历的公历一年的天数完全相同，但时间早了 1300 多年。虽然为了确定天体的位置和记录时间发明了许多天文观测仪器，如我国东汉时期张衡发明的浑天仪、元代著名天文学家郭守敬发明的简仪等，但观测工作只能靠人的肉眼，因此只能观测亮于 6 等的星星，全天大约 6000 颗。早期天文学的内容就其本质来说就是天体测量学。公元 2 世纪时，古希腊天文学家托勒密提出的地心说统治了西方对宇宙的认识长达 1000 多年，这一方面是因为在当时的观测条件下古人们很难想象脚下坚实的大地会是运动的，而另一方面托勒密的地心说体系可以很好地和当时的观测数据相吻合。直到 16 世纪，波兰天文学家哥白尼在其《天体运行论》中提出了新的宇宙体系的理论——日心说，天文学的发展进入了全新的阶段，并在之后的一个半世纪中从主要纯描述天体位置、运动的经典天体测量学，向寻求造成这种运动力学机制的天体力学发展。然而，由于哥白尼的日心说所得的数据和托勒密体系的数据都不能与第谷的观测相吻合，因此日心说此时仍不具优势。直至 1605 年开普勒利用第谷多年积累的观测资料，仔细分析研究，提出行星运动三定律（开普勒定律），以椭圆轨道取代圆形轨道修正了日心说之后，日心说才开始引起人们的关注。事实上，直到 1609 年伽利略发明了天文望远镜，并以此发现了一些可以支持日心说的新的天文现象后，日心说在与地心说的竞争中才取得了真正的胜利。这些天文现象主要是指：木卫体系的发现直接说明了地球不是唯一中心，金星满盈的发现也暴露了托勒密体系的错误。经过近一个世纪披星戴月、废寝忘食的研究，物理学家终于能够用物理理论解释其中的道理，牛顿利用牛顿第二定律和万有引力定律，从数学上严格地证明了开普勒定律，也让人们了解其中的物理意义。牛顿力学使天文学出现了一个新的分支学科——天体力学，从而使天文学从单纯描述天体的几何关系和运动状况进入到研究天体之间的相互作用和造成天体运动的原因的新阶段，在天文学的发展历史上是一次巨大的飞跃。

天文学的研究范畴和天文的概念随着科学技术的发展从古至今不断发展。18～19 世纪，经典天体力学达到了鼎盛时期。19 世纪中叶天体摄影和分光技术的发明，使天文学家可以进一步深入地研究天体的物理性质、化学组成、运动状态和演化规律，从而更加深入问题本质，天文学开始朝着深入研究天体的物理结构和物理过程发展，诞生了天体物理学。20 世纪现代物理学和技术高度发展，并在天文学观测研究中找到了用武之地，使天体物理学成为天文学中的主流学科，同时促使经典的天体力学和天体测量学也有了新的发展，人们对宇宙及宇宙中各类天体和天文现象的认识达到了前所未有的深度和广度。20 世纪 50 年代，射电望远镜开始应用。60 年代，取得了称为“天文学四大发现”的成就：微波背景辐射、脉冲星、类星体和星际有机分子。与此同时，人类也突破了地球大气层的阻隔，到地球以外观测天体的紫外线、红外线、X 射线、$\gamma$ 射线等波段的辐射，天文学进入了全波段发展的新时代。此外，新技术促使地面上的望远镜口径和解析率都在不断提高，从 4 m、5 m、6 m 级的望远镜到 20 世纪 90 年代若干 8～10 m 级别的望远镜投入使用，这些望远镜与空间天文卫星一道，积累了大量的观测资料，发现了活动星系核、$\gamma$ 射线暴、X 射线双星、重力透镜、暗物质与暗能量等一大批新的现象和天体。随着世界最大远红外线望远镜“赫歇尔”及宇宙辐射探测器“普朗克”2009 年的发射升空，以及“下一代大型空间天文望远镜”(NGST)、“空间干涉测量飞行任务”(SIM) 和“天体物理的全天球天体测量干涉仪”(GAIA) 等 21 世纪初的大型空间天文望远镜的陆续发射，为探索各类天体和天文现象的物理本质提供了强有力的观测手段，使人们对宇宙的认识提高到一个新的水平，因此，可以说天文学正处在大飞跃的前夜。

## 5.3　天文学的研究对象和内容

天文学的终极目标是要探索宇宙的形成和演化，它所研究的对象涉及宇宙空间的各种物体，小到行星、恒星，大到星系、星系团乃至整个宇宙的发展演化以及分布在广袤宇宙空间中的大大小小尘埃粒子，都属于其研究对象，天文学家把所有这些物体统称为天体。地球也是一个天体，不过天文学只研究地球的总体性质而一般不讨论它的细节，因此，作为一个整体的地球也是天文学的研究对象之一。根据天体的尺度和规模，天文学的研究对象由近及远可以分为以下几个层次。

### 5.3.1　太阳系天体

太阳系天体包括太阳、行星、围绕行星旋转的卫星和大量的小天体，如小行星、彗星、流星体以及行星际物质等。太阳系是目前能够用肉眼直接观测的唯一的行星系统，太阳系的八大行星从内到外依次为水星、金星、地球、火星、木星、土星、天王星、海王星，其相对大小如图 5.1 所示。在火星和木星的轨道之间分布着一个小行星带，据估计包括 50 万颗小行星，个别的小行星受大行星的引力摄动会窜入地球轨道内，成为碰撞地球的隐患，目前国际天文界有专门搜寻小行星的天文望远镜和研究机构，以监测有可能威胁地球的小天体。此外彗星也是太阳系家族的成员，彗星在接近太阳时，受太阳风的作用在背离太阳方向拖着长长的彗尾，在天空中显得十分美丽壮观。彗星在运动中如果受到附近大行星的引力摄动，也有可能与大行星相撞。例如，1994 年 7 月 17～22 日，千千万万人亲眼目睹了人类历史上从未有过的一次宇宙事件，那就是“苏梅克—列维 9 号”彗星与太阳系中的最大行星木星相撞。撞击产生的能量相当于在木星上空在 130 h内不间断地爆炸了 20 亿颗原子弹，释放了近 40 万亿吨“TNT”当量，木星上空有 3 个月还弥漫着这次撞击所发出的尘埃。木星不仅“碾”碎了彗星，也改变了它的轨道，但同时木星也很受伤并留下了永久的伤疤，这些伤痕大到数万公里，足可容下几个地球。从表面看，这些伤痕不仅改变了原来区域的颜色，也改变了木星大气风暴形成的条纹结构，至今还能通过望远镜观测到这次撞击在木星表面留下的巨大黑斑。彗星破裂后的碎块称为流星体，它们仍沿着原来的椭圆轨道运动，有些流星体被地球吸引，闯入地球大气并和大气摩擦生热发光，这就是我们时常看到的偶发流星和火流星，如图 5.2 所示为双子座流星。有时成群流星从一个方向像天上的烟花一样散落下来，就称为流星雨。太阳系中一些流星体体积较大，在大气中燃烧未尽而落到地面上，这就是陨石。此外太阳系中还充满了星际气体的原子、分子、有机分子和尘埃颗粒等行星际物质，它们弥漫于整个太阳系空间，因此，所谓星际空间的真空并非空无一物。

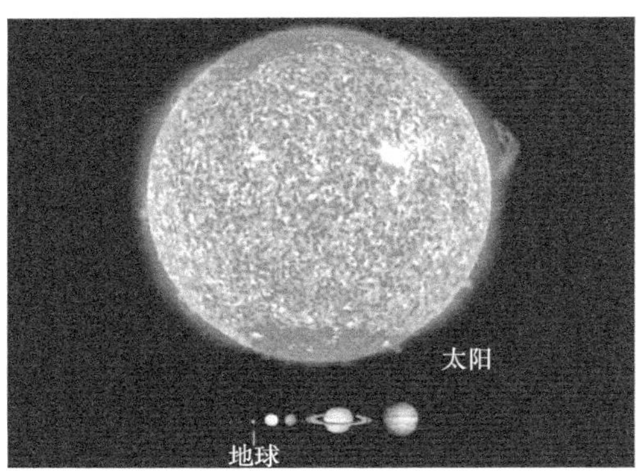


图 5.1　太阳和它的八大行星大小比较

天文学中常用天文单位、光年和秒差距来表示天体间的距离。1 天文单位(AU) = 平均日地距离$=1.5\times10^{8}$ km，1 光年（ly）=光在 1 年中走过的距离$=9.5\times10^{12}$ km，1 秒差距（pc） = 周年视差为 $1''$的天体的距离 $= 3.086\times10^{13}$ km,它们之间的换算关系为 1 pc = 3.26 ly = 206 265 AU。离太阳最近的水星平均离日距离为 0.39 AU，最远的大行星海王星平均离日距离为 30.1 AU，

图 5.2　双子座流星划过夜空

海尔-波普彗星则远至 180 AU。太阳的半径是地球的 $10^9$ 倍，最大的行星的半径是地球的 11 倍。关于太阳系的边界没有准确的答案，目前科学界有好几种说法：按已发现的太阳系行星的轨道来确定平均是 82 AU；按太阳引力所能影响到的范围确定约为 2000 AU；按太阳风所能到达的距离确定约为 700 AU。

### 5.3.2　银河系中各类恒星和恒星集团

恒星是由炽热气体组成的能自己发光的球状或类球状天体。恒星是宇宙中最常见的天体，是宇宙中物质存在的最普遍形式。恒星是化学元素演化的发生地，实际上构成行星和生命物质的重元素就是在某些恒星生命结束时发生的爆发过程中创造出来的。恒星是宇宙中可见光的主要来源，它不仅为所有的生命提供了光和热，同时也是了解宇宙信息的主要来源之一。总之，为了获得对宇宙的认识，我们必须从理解恒星及其演化开始，因此恒星是天文学最重要的观测对象。

银河系中有上千亿颗的恒星，主要分布在银盘内，如图 5.3 和图 5.4 所示。它们大小不同，色彩各异，有的形单影只（单星，如太阳），有的成双成对（双星，如全天最亮的天狼星就是一个双星系统），有的三五成群（聚星，如猎户座 θ1 是有 4 颗星构成的四合星，图 5.5 是观测到的一个三星系统运行图），有的松

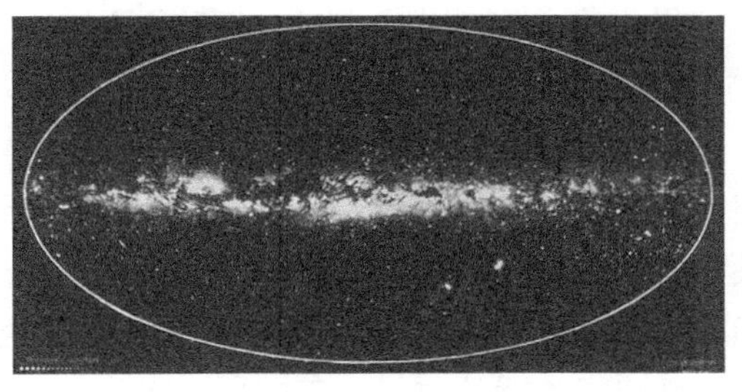

图 5.3　光学波段的银河系全貌

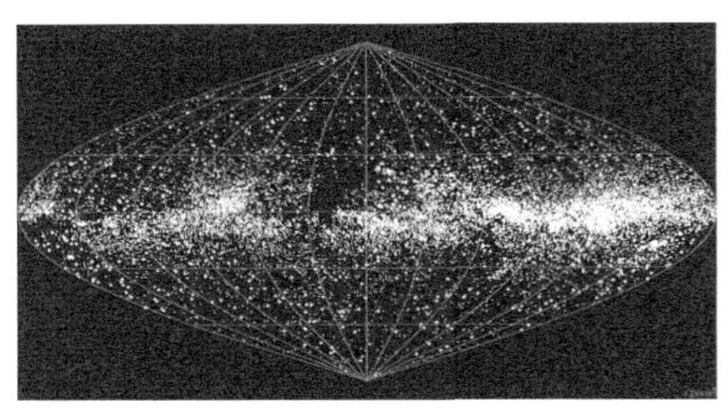

图 5.4 全天的 25 000 颗最亮的恒星分布图

散成团（疏散星团，如唯一可被肉眼看到的金牛座昴星团，图 5.6），有的紧紧抱团（球状星团，如图 5.7 为武仙座球状星团 M13，估计含有约 50 万颗恒星，是北半球中最亮的球状星团）。除了恒星之外，银河系天体还包括各种各样的星云和星际介质等。星云是由星际空间的气体和尘埃结合成的云雾状天体，如图 5.8 给出的 NGC3603 星云所示，该星云位于 20 000 光年之外的船底座。

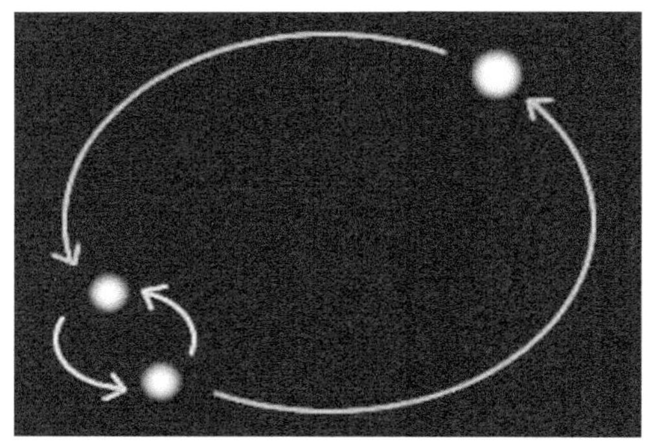

图 5.5 2005 年观测到的聚星系统示意图

恒星的大小相差巨大。地球的直径约为 13 000 km，太阳的直径是地球的 $10^9$ 倍。巨星是恒星世界中个头最大的，它们的直径要比太阳大几十到几百倍。超巨星就更大了，红超巨星参宿四（猎户座 α）的直径是太阳的 900 倍，假如它处在太阳的位置上，那么它的大小几乎能把木星也包进去，如图 5.9 所示。目前已知最大恒星是位于大犬座的一颗红色超巨星大犬座 VY（VY CMa），距离地球 5000 光年，视星等 7.95。据推测，其质量为 30～40 倍太阳质量，直径为 1800～2100 倍太阳直径，超越土星轨道，大犬座 VY 不仅巨大，光度也有太阳的 50 万倍之多，因此也被归为特超巨星。在恒星世界当中，太阳的大小属中等，比太阳小的恒星也有很多，其中最突出的要数白矮星和中子星。白矮星的直径只

图 5.6　金牛座昴星团

图 5.7　球状星团 M13

图 5.8　NGC 3603 星云

有几千千米，和地球差不多，中子星就更小了，它们的直径只有 20 km 左右，白矮星和中子星都是恒星世界中的侏儒。就恒星质量来说，小质量恒星只是太阳的十分之一，大质量恒星则超过太阳质量的 100 倍。

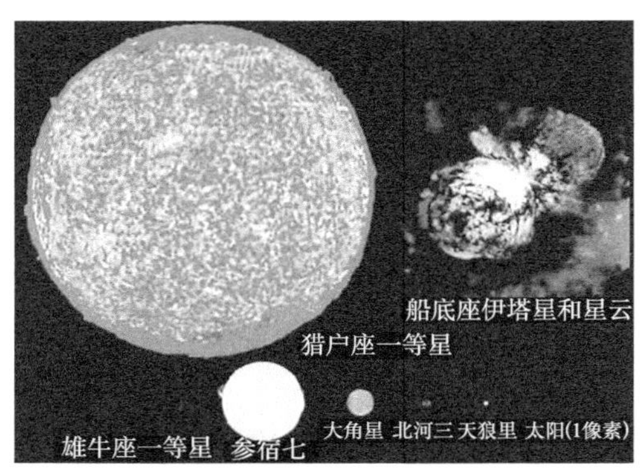


图 5.9 恒星相对大小的比较

恒星的两个重要的特征是有效温度和绝对星等。根据恒星的温度或颜色可把恒星分成以字母 O、B、A、F、G、K、M 表示的七种类型。O 型是热的蓝星，M 型是较冷的红星。大约 100 年前，丹麦的赫茨普龙（Hertzsprung）和美国的罗素（Russell）各自绘制了查找温度和亮度之间是否有关系的图，这张关系图称为赫罗图，或者 *H-R* 图。如图 5.10 所示，在 *H-R* 图中，大多数恒星包括太阳都在从左上至右下的一条对角线上，这条对角线称为主星序，主星序上的恒星称为主序星，都处于一生中的氢燃烧阶段。在主星序中，恒星的绝对星等增加时，其表面温度也随之增加，因此，炽热明亮的蓝巨星位于左上方，而比较冷且暗的红矮星分布在图的右下角，白矮星的表面温度虽然高，但亮度不大，所以它

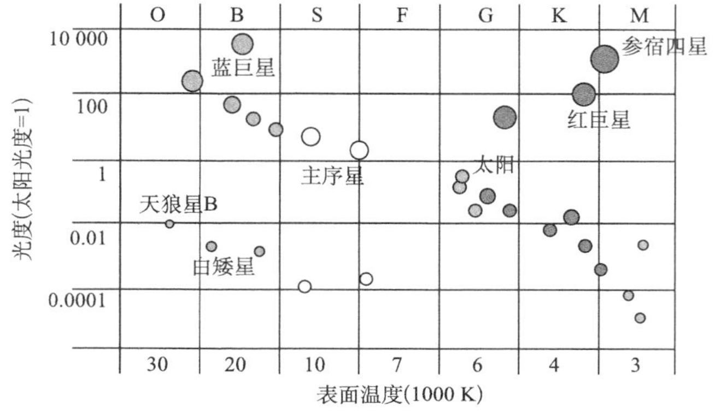


图 5.10 恒星赫罗图

们只处在该图的中下方。

恒星也有自己的生命史，它们从诞生、成长到衰老，最终走向死亡。对于一颗与太阳质量相当的小质量恒星来说，核心氢燃烧完后，它们就离开主序，开始氦燃烧而成为红巨星。像太阳那样大的恒星的氦大约只能燃烧十亿年。氦用完后，质量小于太阳十倍的恒星便已经到了生命的尽头，那时恒星的核将再度开始收缩，剩余的氦又开始燃烧，致使它的外壳再度膨胀，恒星将向外层空间抛射物质，形成一个“行星状星云”，而其星核将再次坍缩，当核的密度达到 100 kg · $cm^{-3}$时，其中的电子被挤压到不能再紧密的地步，坍缩也就停止了。等到这个垂死的恒星将它的外壳全部抛出后，它的核就裸露出来了。这个核是炽热的，温度约为 25 000℃，但体积却特别小，只有地球那么大，所以称为“白矮星”。太阳作为银河系中的一颗普通恒星，其生命演化轨迹如图 5.11 所示。

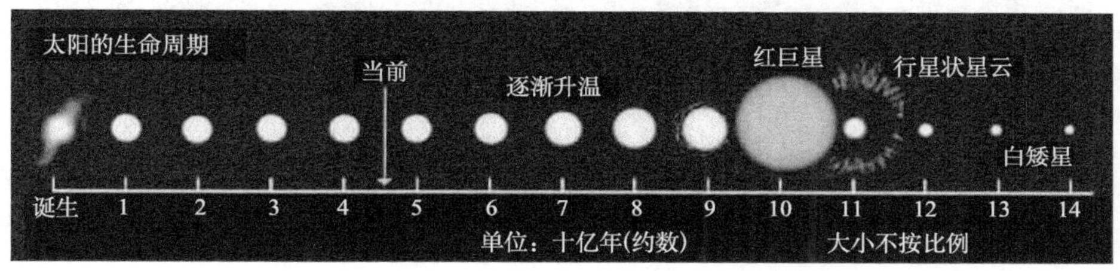


图 5.11　太阳的生命演化

### 5.3.3　河外星系

银河系在宇宙的汪洋大海之中只是“沧海一粟”，在银河系以外是一个更为广阔、更为壮观的河外星系世界，简称星系，它们是由恒星、气体和尘埃组成的庞大的天体系统。星系又进一步组成了更大的天体系统，星系群、星系团和超星系团。人们对河外星系的认识经历过漫长的过程，早期，人们通过望远镜看到深邃的星空有些朦朦胧胧、形态各异的云雾状光斑，认为都是气体星云。直到 1926 年，哈勃观测仙女座大星云，才发现所谓星云是由大量很暗的恒星组成的，打开了河外星系研究的前沿。现在估计，在观测宇宙中大约存在 100 亿个星系，这些众多的河外星系千姿百态、神采各异，有椭圆星系、涡旋星系、棒旋星系和不规则星系等。星系之间有的相互作用，也有的正在分裂瓦解或互相吞食，展现在人们面前的是一个神奇壮观、魅力无穷的星系世界。图 5.12 是哈勃望远镜观测宇宙深空区域时拍摄到的一组五彩纷呈的星系。

一些天文学家提出了比超星系团还高一级的总星系。按照现在的理解，总星系就是目前人类所能观测到的宇宙的范围，半径超过了 100 亿光年。2011 年 6 月，天文学家根据 2μm 全天巡天计划（简称 2MASS）在红外线条件下观测到的

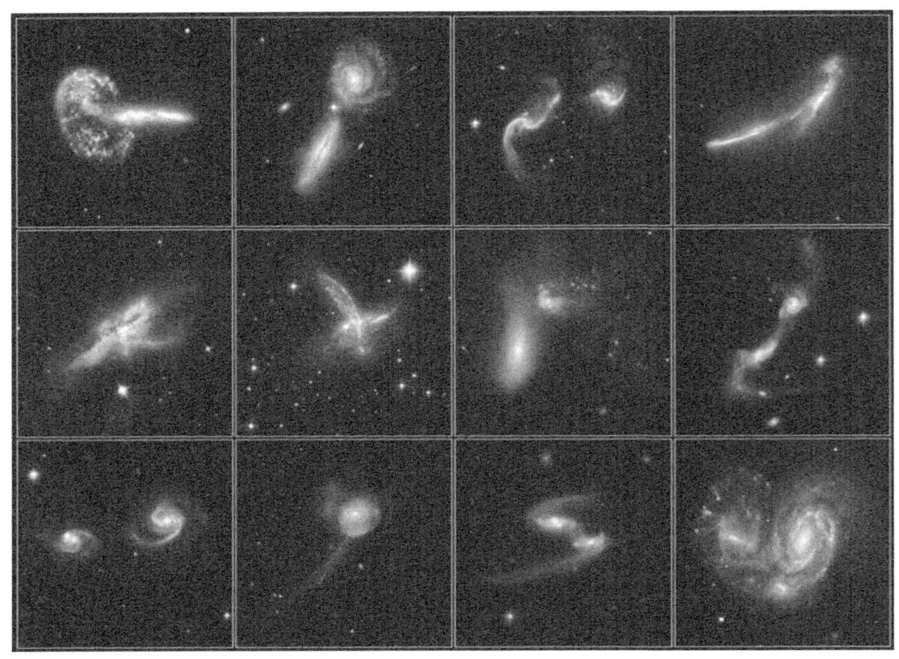

图 5.12 宇宙中精彩的星系世界

5 万个星系，绘制了一幅壮观的邻近宇宙 3D 地图，如图 5.13 所示。这幅不可思议的星系图可帮助人们了解宇宙如何形成和演变。据悉，这是迄今为止绘制的最完整的 3D 本地宇宙地图，所涵盖的星系最远距地球 3.8 亿光年。横穿地图中央

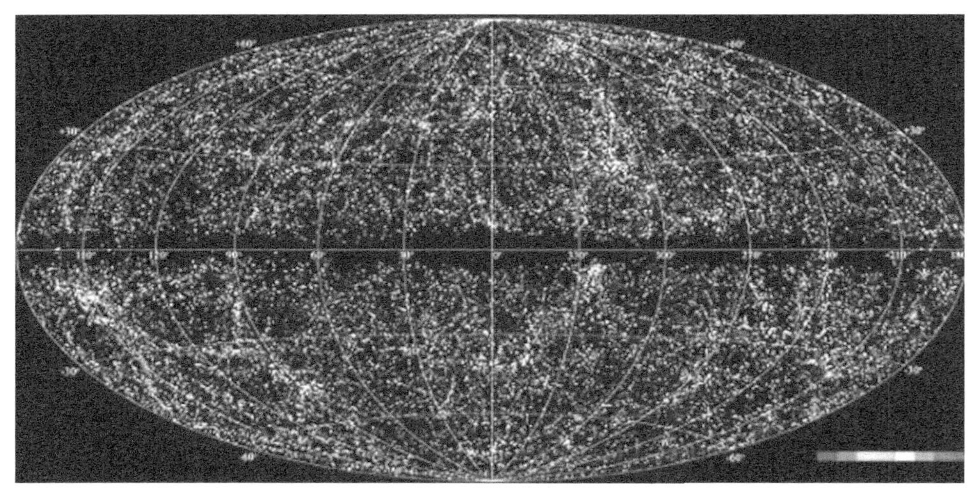

图 5.13 根据 2MASS 观测的 5 万个星系的位置和距离绘制的宇宙 3D 地图

的黑带受到银河系平面的尘埃阻隔。地图中的每一个点代表一个星系，不同颜色代表不同的对地距离。颜色越蓝，距离地球越近，越红则距离地球越远，红移接近 0.1。地图边缘周围标注出著名的天体结构。很多星系因引力聚集在一起，形成星系团。

### 5.3.4　整个宇宙

天文学研究中最热门、也是最难令人信服的研究领域之一是关于宇宙起源与未来的研究。对于宇宙起源问题的理论层出不穷，其中最具代表性，影响最大，也是最多人支持的就是 1948 年美国科学家伽莫夫等提出的大爆炸理论。根据现在不断完善的这个理论，宇宙是在约 137 亿年前的一次猛烈的爆发中诞生的。然后宇宙不断地膨胀，温度不断地降低，产生各种基本粒子。随着宇宙温度进一步下降，物质由于引力作用开始塌缩，逐级成团。在宇宙年龄约 10 亿年时星系开始形成，并逐渐演化为今天的样子，如图 5.14 所示。

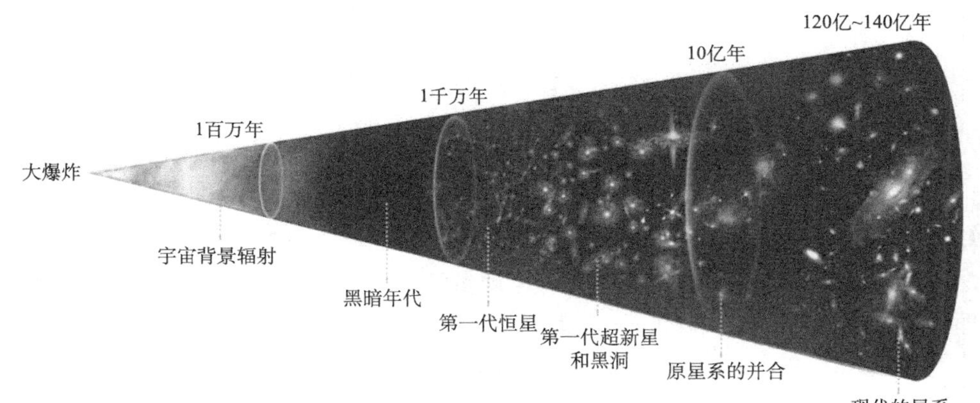


图 5.14　大爆炸宇宙的演化

现代天文学研究的领域非常广泛，有许多非常热门的研究课题。例如，中微子振荡问题、日震与星震、超新星、脉冲星和中子星、奇异星和夸克星、X 射线双星、类星体、活动星系核、黑洞、吸积盘、$\gamma$ 射线暴、星系团、宇宙微波背景辐射、重力透镜、重力波的探测、暗物质与暗能量、太阳系外行星系统和地外文明、银河系的结构和演化、巡天搜寻第一代恒星等。其中许多课题不仅是天文学而且是整个自然科学研究的终极目标，如关于宇宙的起源和演化、地外生命的探索、暗物质和暗能量等，这些问题中任何一点点的突破都将有可能改变我们今天的世界观和自然观，乃至影响整个自然科学体系和规律。

## 5.4　天文学的研究方法

天文学是以观测为基础的科学，天文学的实验方法是观测，通过观测来收集天体的各种信息。几乎所有的自然科学分支研究的都是地球上的现象，只有天文学从它诞生的那一天起就和我们头顶上可望而不可即的灿烂星空联系在一起。与其他学科的实验方法不同，天文观测是一种被动的实验，通常观测的对象距离观测者极其遥远，本身的尺度极大，演化时间极长，而且往往涉及一些极端的物理条件，如高温、高密度、强磁场等，这些条件通常在地面的实验室中是很难模拟和再现的。天文学家经常遵循“观测—理论—观测”的方法来进行研究，即提出理论来解释一些天文现象，然后根据新的观测结果，对原来的理论进行修正或者用新的理论来代替。天文学的理论常由于观测信息的不足，而提出许多假说来解释一些天文现象。再根据新的观测结果，对原来的理论进行修改或者用新的理论来代替，这也是天文学不同于其他许多自然科学的地方。

## 5.5　天文学的分支科学

天文学的分支主要可以分为理论天文学与观测天文学两种。天文观测学家常年观察天空，并将所得到的信息整理后，理论天文学家才可能发展出新理论，解释自然现象并对此进行预测。天文学中习惯于按照研究方法和观测手段来分类。

按照研究方法，天文学可分为天体测量学、天体力学和天体物理学。天体物理学是天文学中形成较晚的一个分支科学，它是应用物理学的技术、方法和理论，研究天体的形态、结构、化学组成、物理状态和演化规律的天文学分支。按研究方法又可分为实测天体物理和理论天体物理，按研究对象不同可分为太阳物理学、太阳系物理学、恒星物理学、恒星天文学、星系天文学、宇宙学、宇宙化学、天体演化学等分支学科。

按照观测手段，天文学可分为光学天文学、射电天文学、空间天文学、红外天文学、紫外天文学、X射线天文学、$\gamma$射线天文学等分支学科。

光学天文学：光学天文学是利用天体在光学波段的辐射来研究天文现象的学科。狭义地说是利用光学望远镜、光度测量仪器、分光仪器和偏振光测量仪器来观测和研究天体的形态、结构、化学组成和物理状态的一门学科，是实测天体物理学的重要组成部分。另外，光学天文学是相对于射电天文学、红外天文学、紫外天文学和X射线天文学而言的，因此光学天文学也是天体物理学的一个分支。光学波段的范围很窄，为300～1000 nm，可见光为400～700 nm。

射电天文学：射电天文学是通过观测天体的无线电波来研究天文现象的一门学科。由于地球大气的阻拦，从天体来的无线电波只有波长 1 mm～30 m 的才能到达地面，迄今为止，绝大部分的射电天文研究都是在这个波段内进行的。射电天文学以无线电接收技术为观测手段，观测的对象遍及所有天体：从近处的太阳系天体到银河系中的各种对象，直到极其遥远的银河系以外的目标。对于历史悠久的天文学而言，射电天文使用的是一种崭新的手段，为天文学开拓了新的园地。20 世纪 60 年代中的四大天文发现：类星体、脉冲星、星际分子和微波背景辐射，都是利用射电天文手段获得的。从前，人类只能看到天体的光学形象，而射电天文则为人们展示出天体的另一侧面——无线电形象。由于无线电波可以穿过光波通不过的尘雾，射电天文观测就能够深入以往凭光学方法看不到的地方。银河系空间星际尘埃遮蔽的广阔世界，就是在射电天文诞生以后，才第一次为人们所认识。高能量的河外射电天体，即使处在非常遥远的地方，也可以用现代的射电望远镜观测到。这使得射电天文学探索到的宇宙空间达到过去难以企及的深处。

空间天文学：空间天文学是借助宇宙飞船、人造卫星、探空火箭、高空飞机、平流层气球等空间飞行器，在高层大气和大气外层空间区域进行天文观测和研究的一门学科，它是空间科学和天文学的边缘学科。就观测波段而言，空间天文学可分成许多新的分支，如红外天文学、紫外天文学、X 射线天文学等。空间天文观测有地面天文观测无法比拟的优越性。首先，它突破地球大气这个屏障，扩展了天文观测波段，取得观测来自外层空间的整个电磁波谱的可能性。其次，空间观测会减轻或免除地球大气湍流造成的光线抖动的影响，天象不会歪曲，这就大大提高仪器的分辨本领。此外，今天的空间技术力量已能直接获取观测客体的样品，开创了直接探索太阳系内天体的新时代。

## 5.6 天文学与物理学的关系

现代天文学的发展自始至终离不开物理学，物理学家涉足天文学领域的研究已成为必然，天体物理学已成为物理学的重要分支；同时天文学家也密切关注物理学的发展，力图用物理学的理论来解释宇宙的过去、现在和未来。因此，天文学与物理学是相互促进、共同发展的兄弟学科。物理学是天文学的理论基础，在原子物理学、原子核物理学、量子力学、广义相对论、等离子体物理学、高能物理学等基础上发展出相对论天体物理学、等离子体天体物理、高能天体物理学、核天体物理学等；物理学的理论预言推动了天文学的发现，如光线的引力弯曲、引力场中的光谱红移、中子星的存在、宇宙微波背景辐射的存在、黑洞的存在；天文学的观测促进了物理学的发展，如万有引力定律的获得、氦元素的发现、热核聚变概念的提出、白矮星理论、元素核合成理论等都直接来自天文观测结果；天体和宇宙是物理学的巨大实验室，天文观测为物理学的基本理论提供了地球实验室内无法得到的物理现象和物理过程；极端物理条件实验室：如中子星是超高密、超高温、超强压力、超强辐射、超强磁场等极端物理条件的理想的空间实验室；获诺贝尔物理学奖的许多成果是物理学与天文学的完美结合，这里列举部分与天体物理有关的 9 项诺贝尔物理学奖作为例证。

1936 年：赫斯（奥地利）发现宇宙射线。

1948 年：布莱克特（英国）改进了威尔逊云雾室方法，导致核物理领域和宇宙射线方面的一系列发现。

1967 年：贝蒂（美国）核反应理论方面的贡献，特别是恒星能源的发现。

1974 年：赖尔、休伊士（英国）射电天文学方面的开拓性研究（综合孔径，脉冲星）。

1978 年：彭齐亚斯、威尔逊（美国）发现宇宙微波背景辐射。

1983 年：昌德拉塞卡、福勒（美国）恒星演化的物理过程的研究，昌德拉塞卡（美国）提出强德拉塞卡极限，对恒星结构和演化具有重要意义的物理过程进行的理论研究；福勒（美国）对宇宙中化学元素形成具有重要意义的核反应所进行的理论和实验的研究。

1993 年：赫尔斯、泰勒（美国）发现脉冲双星，也间接证实了爱因斯坦所预言的引力波的存在，为有关引力的研究提供了新的机会。

2002 年：戴维斯（美国）、贾科尼（美国）和小柴昌俊（日本）在天体物理学领域做出的先驱性贡献，其中包括在“探测宇宙中微子”和“发现宇宙 X 射线源”方面的成就。

2006 年：马瑟和斯穆特发现宇宙背景辐射的黑体形式和各向异性。

## 5.7 光学天文望远镜的基本知识

望远镜是一种利用凹透镜和凸透镜观测遥远物体的光学仪器。利用通过透镜的光线折射或光线被凹镜反射使之进入小孔并会聚成像，再经过一个放大目镜而被看到，又称“千里镜”。天文望远镜通常是由一个长焦距物镜（主镜）将天体的影像聚焦，再在焦点附近用一个（短焦距）目镜把这个影像放大，其功能主要是收集更多的光线和提高空间分辨本领。天文望远镜一般可分为折射望远镜、反射望远镜及折反射望远镜三大类。

### 5.7.1 折射望远镜

折射望远镜的物镜为透镜，一般是由两块不同折光率的玻璃镜片组成，在部分消除色差的同时，还可以消除球差和彗差，使红、蓝两色的影像聚在同一焦点上。为了减少镜头的球面差彗形像差及像散，一般可将焦比值增大，因此一般折射望远镜的口径与焦距比（焦比）起码为 $f_{10} \sim f_{16}$。较高级的镜头是由三块不同折光率的玻璃镜片组成或采用较低色散的玻璃（ED）或甚至采用萤石晶体来制造，可同时消除红、绿、蓝三色的色差。这些镜头称为复消色差镜头，它们的口径与焦距比可以达到 $f_5$，使到望远镜的长度缩短及质量较轻，使用较为方便，但售价十分昂贵。

1609 年，伽利略制作了第一架口径 4.2 cm，长约 12 cm 的望远镜。他是用平凸透镜作为物镜，凹透镜作为目镜，这种光学系统称为伽利略式望远镜。1611 年，开普勒用两片双凸透镜分别作为物镜和目镜，使放大倍数有了明显的提高，以后人们将这种光学系统称为开普勒式望远镜。现在人们用的折射望远镜还是这两种形式，天文望远镜是采用开普勒式，如图 5.15 所示。

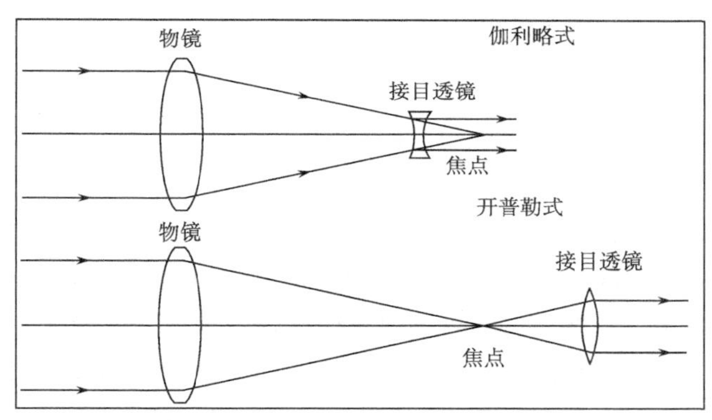


图 5.15　折射望远镜的结构

折射望远镜的优点是焦距长，视野较大，星像明亮，对镜筒弯曲不敏感，同时折射望远镜镜筒可以密封，所以维修保养较为方便，更适合在野外使用，做天体测量方面的工作。但是它总是有残余的色差，同时对紫外、红外波段的辐射吸收很厉害，而且巨大的光学玻璃浇制也十分困难，到 1897 年口径为 102 cm 的叶凯士望远镜建成，折射望远镜的发展达到了顶点，此后的这一百年中再也没有更大的折射望远镜出现。这主要是因为从技术上无法铸造出大块完美无缺的玻璃做透镜，并且重力使大尺寸透镜的变形会非常明显，因而会丧失明锐的焦点，降低分辨率。

### 5.7.2　反射望远镜

反射望远镜是利用一块镀了金属（通常是铝）膜的凹面玻璃聚焦，由于焦点在镜前，所以必须在物镜焦点之前用另一块镜将影像反射出镜筒外，再用目镜放大。反射望远镜没有色差（因不用透过玻璃故无色散），但有其他各类的像差。因而大口径、强光力的反射望远镜的物镜通常采用非球面设计，最常见的非球面物镜是抛物面物镜。由于抛物面的几何特性，平行于物镜光轴的光线将被精确的汇聚在焦点上，因而能大大改善像质。比较常见的反射望远镜的光学系统有牛顿式反射望远镜和卡塞格林式反射望远镜，其原理分别如图 5.16（a）和（b）所示。

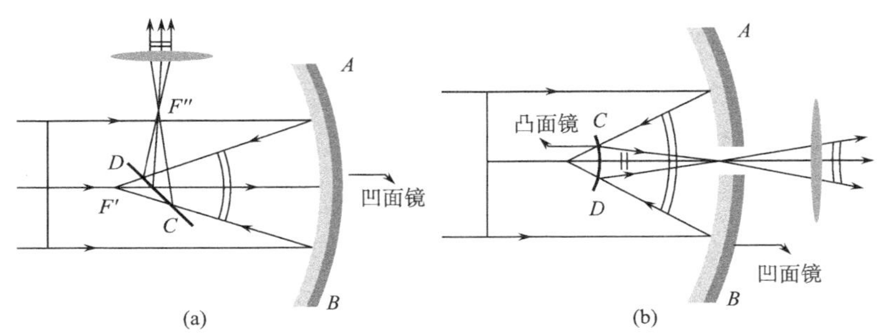


图 5.16 反射望远镜原理图

牛顿式反射望远镜是牛顿于 1668 年首先制作发明的，它利用一个凹的抛物面反射镜将进入镜头的光线汇聚后反射到位于镜筒前端的一个平面镜上，然后再由这个平面镜将光线反射到镜筒外的目镜中，这样便可以观测到星空的影像。其优点是无色差，光学系统简单，同样的价格，能买到的反射镜口径最大，获得最强的集光力，因此对于大口径的望远镜来说，经常做成反射式的，而不是笨重的折射式。便携式设计的反射望远镜的焦比可以达到 $f_4 \sim f_8$，非常适合观测那些暗弱的河外星系、星云。有时用这种望远镜观测月亮和行星也是很适合的，牛顿式结构可以很好地会聚光线，在焦点处得到一个非常明亮的像。缺点是彗差和像散较大，使得视野边缘像质变差，开放的镜筒使得空气可以流通，这样不仅会影响成像的稳定度，而且一些尘埃会随着流动的空气进入镜筒并附着在物镜上，长此以往会破坏物镜表面的镀膜，使其反射力下降。

卡塞格林式反射望远镜是 1672 年卡塞格林发明的，它由两块反射镜组成，大的称为主镜，小的称为副镜。通常在主镜中央开孔，成像于主镜后面，它的焦点称为卡塞格林焦点。有时也按图 5.16（b）中虚线那样多加入一块斜平面镜，成像于侧面，这种卡塞格林望远镜又称为耐司姆斯望远镜。

### 5.7.3 折反射望远镜

折反射望远镜是将折射系统与反射系统相结合的一种光学系统，它的物镜既包含透镜又包含反射镜，天体的光线同时受到折射和反射。主要是利用一球面凹镜作为主镜以消除彗形像差，同时利用一非球面透镜放于主镜前适当位置作为矫正镜以矫正主镜的球面差。这样可以得出一个广角（可达 40°～50°）的视场，而没有一般反射镜常有的球面差与彗形像差，只有矫正镜做成的轻微色差而已，获得良好的成像质量。按照矫正镜形状的不同，这类望远镜又分为施密特系统、施密特-卡塞格林系统和马克苏托夫-卡塞格林系统，分别如图 5.17～图 5.19 所示。

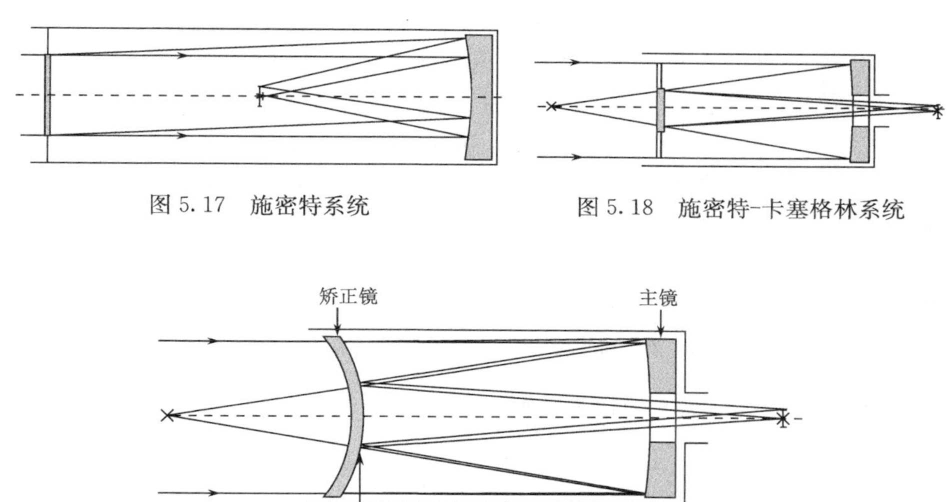


图 5.17　施密特系统

图 5.18　施密特-卡塞格林系统

图 5.19　马克苏托夫-卡塞格林系统

折反射望远镜具有视场大、光力强、能消除几种主要像差的优点，适合观测有视面天体（彗星、星系、弥散星云等），并可进行巡天观测。另外，由于它的光线在镜筒内通过反射走了一个来回，所以与同样焦距的折射望远镜相比，其镜筒缩短了一半以上，使整架望远镜的体积、质量大大减小，便于携带进行流动观测，很适合天文爱好者使用。

### 5.7.4　基本光学性能参数

（1）口径：物镜的有效口径，在理论上决定望远镜的性能。口径越大，聚光本领越强，分辨率越高，可用放大倍数越大。

（2）集光力：聚光本领，望远镜接收光量与肉眼接收光量的比值。人的瞳孔在完全开放时，直径约 7 mm。70 mm 口径的望远镜，集光力是 70/7＝10 倍。

（3）分辨率：望远镜分辨影像细节的能力。分辨率主要和口径有关。

(4) 放大倍数：物镜焦距与目镜焦距的比值，如一架 60/700 天文望远镜，使用 10 mm 目镜，放大倍数=物镜焦距 700 mm/目镜焦距 10 mm=70 倍；放大倍数变大，看到的影像也越大。放大倍数不是越大越好，最大可用放大倍数一般不大于口径毫米数的 1.5 倍，超过最大有效放大倍数后，影像变大清晰度却不会再增加。

(5) 焦比：物镜焦距长度与口径的比值，相当于相机镜头上的光圈。如果口径不变，物镜焦距越长，焦比越大，容易得到越高的倍率；物镜焦距越短，焦比越小，不容易得到较高的倍率，但影像更亮，视野更大。

短焦距镜（小焦比，焦比≥6）：适合观测星云、寻找彗星。

长焦距镜（大焦比，焦比<15）：适合观测月亮和行星。

中焦距镜（中焦比，6>焦比≥15）：适合观测双星、聚星、变星和星团。

(6) 视场：望远镜成像的天空区域在观测者眼中所张的角度，也称视场角。放大倍数越大，视场越小。

(7) 极限星等：望远镜所能观测到最暗的星等，主要和口径、焦比有关。正常视力的人，在黑暗、空气透明的场合最暗可看到 6 等星，而 70 mm 口径望远镜的集光力是肉眼的 100 倍，能看到比 6 等星再暗五个星等的 11 等星。

### 5.7.5 世界主要大型天文望远镜介绍

目前国际上大型天文望远镜都是光学反射望远镜，主要用于天体物理研究，特别是暗弱天体的分光、测光以及照相工作。

(1) 凯克（Kech）望远镜：目前世界上最大的光学望远镜，位于夏威夷，直径 10 m，由 36 面 1.8 m 的六角形镜面拼合而成，第一面凯克望远镜于 1991 年建造成功后，凯克基金会又于 1996 年投资修建了凯克二号望远镜，两座挨在一起，际线长度 80 m，观测能力强大无比。

(2) 双子座望远镜：2×8.1 m，由美国、英国、加拿大、澳大利亚、智利、巴西和阿根廷 7 国共建，北双子位于夏威夷海拔 4205 m 的莫纳克亚山上，南双子位于智利中部海拔 2950 m 的色拉帕琼山上。

(3) 欧南台甚大望远镜（ESO-VLT）：由 4 架 8.2 m 望远镜构成，建在智利阿塔卡马沙漠中海拔 2400 m 的拉西亚山上，2000 年落成，4 架子镜可作为光学干涉仪使用，相当于一架 16 m 望远镜，空间分辨率可达 0.0005″，相当于可分辨 640 000 km 远的小轿车的 2 个前车灯。

(4) 昴星团望远镜：日本人建造的 8.3 m 口径的单镜面光学望远镜，位于夏威夷岛莫纳克亚山，紧邻美国的凯克望远镜。

(5) 郭守敬望远镜（LAMOST)：我国自主设计建造的大口径、大视场、多目标光谱巡天望远镜，可同时利用 4000 根光纤观测 4000 个目标，$M_A$：

5.72 m×4.4 m 反射改正板（24 块子镜），$M_B$：6.67 m×6.05 m 球面镜（37 块子镜）。2008 年落成，位于河北省兴隆县境内的燕山主峰南麓 930 m 的山顶上。

（6）30 m 望远镜（TMT）：大视场的 R-C 系统，地平式支架，主镜口径 30 m，由 492 块 1.45 m 子镜组成。TMT 将由美国加利福尼亚理工学院、加利福尼亚大学和加拿大大学天文学研究协会组成的联盟联合建造，确定在夏威夷的莫纳克亚山山顶建造，2011 年动工，预计 2018 年建成，预计耗资 10 亿美元，建成后将成为世界最大的光学望远镜。目前我国的国家天文台已经加入该项目，成为合作建设伙伴之一。

## 5.8　21 世纪天文学研究的重大热点问题

在 2008 年 10 月 12 日北京人民大会堂举行的“隆重纪念望远镜发明 400 周年——科学大师演讲会”上，李政道先生在报告《以天之语，解物之道》中指出：“了解暗物质和暗能量，是人类在 21 世纪向科学史的大挑战。”他指出：“宇宙总能量约 5%是已知物质的能量；约 25%是暗物质的能量，约 70%是暗能量。但什么是暗物质、暗能量，我们不知道。”因此，探求暗物质、暗能量，包括黑体的物理本质已成为 21 世纪天文学特别是天体物理的重大前沿问题，也是人们普遍关心的重大科学问题。

（1）暗物质：暗物质是指那些不发射任何光及电磁辐射的物质。人们目前只能通过引力产生的效应得知宇宙中有大量暗物质的存在。暗物质存在的最早证据来源于对球状星系旋转速度的观测。现代天文学通过引力透镜、宇宙中大尺度结构形成、微波背景辐射等研究表明：我们目前所认知的部分大概只占宇宙的 4%，暗物质占了宇宙的 23%，还有 73%是一种导致宇宙加速膨胀的暗能量。几十年前，暗物质刚被提出来时仅仅是理论的产物，但是现在我们知道暗物质已经成为宇宙的重要组成部分。暗物质的总质量是普通物质的 6.3 倍，在宇宙能量密度中占了 1/4，同时更重要的是，暗物质主导了宇宙结构的形成。暗物质的本质现在还是个谜，但是如果假设它是一种弱相互作用亚原子粒子，那么由此形成的宇宙大尺度结构与观测相一致。不过，最近对星系以及亚星系结构的分析显示，这一假设和观测结果之间存在着差异，这同时为多种可能的暗物质理论提供了用武之地。通过对小尺度结构密度、分布、演化以及其环境的研究可以区分这些潜在的暗物质模型，为暗物质本性的研究带来新的曙光。

（2）暗能量：是一种不可见的、能推动宇宙运动的能量，宇宙中所有的恒星和行星的运动都是由暗能量与万有引力来推动的。之所以暗能量具有如此大的力量，是因为它在宇宙的结构中约占 73%，占绝对统治地位。暗能量是宇宙学研究的一个里程碑性的重大成果。支持暗能量的主要证据有两个。一是对遥远的超新星所进行的大量观测表明，宇宙在加速膨胀。按照爱因斯坦引力场方程，加速膨胀的现象推论出宇宙中存在着压强为负的“暗能量”。按照相对论，这种负压强在长距离类似于一种反引力。这个猜想是解释宇宙加速膨胀和宇宙中失落物质等问题的一个最流行的方案。天文学家哈勃发现宇宙中的其他星系似乎都在朝着距离人们生活的银河系越来越远的方向移动，而且它们移动得越远，运行的速度就越快。但是，天体物理学家此前曾经指出，地心引力会使得宇宙的膨胀速度逐渐减缓。之后在 1998 年，两个研究小组通过观察Ⅰa 型超新星一种罕见的恒星爆炸的现象，能够释放出数量巨大的、持久的光——颠覆了天体物理学家提出的理论。

暗能量主要有两种模型：宇宙学常数（一种均匀充满空间的常能量密度）和 quintessence（一个能量密度随时空变化的动力学场）。区分这两种可能需要对宇宙膨胀的高精度测量和对膨胀速度随时间变化更深入的理解。因为宇宙膨胀速度由宇宙学物态方程来描写，所以测量暗物质的物态方程是当今观测宇宙学的最主要问题之一。

（3）黑洞：黑洞是一种引力极强的天体，就连光也不能逃脱。当恒星的史瓦西半径小到一定程度时，就连垂直表面发射的光都无法逃逸了。这时恒星就变成了黑洞。说它“黑”，是指它就像宇宙中的无底洞，任何物质一旦掉进去，“似乎”就再不能逃出。由于黑洞中的光无法逃逸，所以我们无法直接观测到黑洞。然而，可以通过测量它对周围天体的作用和影响来间接观测或推测到它的存在。与其他天体相比，黑洞十分特殊。人们无法直接观察到它，物理学家也只能对它内部结构提出各种猜想。而使得黑洞把自己隐藏起来的原因即是弯曲的空间。根据广义相对论，空间会在引力场作用下弯曲。这时，光虽然仍然沿任意两点间的最短距离传播，但相对而言它已弯曲，在经过大密度的天体时，空间会弯曲，光也就偏离了原来的方向。

在地球上，由于引力场作用很小，空间的弯曲是微乎其微的。而在黑洞周围，空间的这种变形非常大。这样，即使是被黑洞挡着的恒星发出的光，虽然有一部分会落入黑洞中消失，可另一部分光线会通过弯曲的空间中绕过黑洞而到达地球。观察到黑洞背面的星空，就像黑洞不存在一样，这就是黑洞的隐身术。更有趣的是，有些恒星不仅是朝着地球发出的光能直接到达地球，它朝其他方向发射的光也可能被附近的黑洞的强引力折射而能到达地球。这样我们不仅能看见这颗恒星的“脸”，还同时看到它的“侧面”甚至“后背”。

按组成来划分，黑洞可以分为两大类：一是暗能量黑洞；二是物理黑洞。暗能量黑洞主要由高速旋转的巨大的暗能量组成，它内部没有巨大的质量。巨大的暗能量以接近光速的速度旋转，其内部产生巨大的负压足以吞噬物体，从而形成黑洞。暗能量黑洞是星系形成的基础，也是星团、星系团形成的基础。物理黑洞由一颗或多颗天体坍缩形成，具有巨大的质量。当一个物理黑洞的质量等于或大于一个星系的质量时，称其为奇点黑洞。暗能量黑洞的体积很大，可以有太阳系那般大。奇点黑洞比起暗能量黑洞来说体积非常小，它甚至可以缩小到一个奇点。

总之，天文学是一门既古老又年轻的基础科学，茫茫宇宙隐藏着许多不为人知的秘密，等待着人们去探索和认知。

# 第6讲 元素的起源

## 6.1 引 言

按照宇宙大爆炸模型，可观测宇宙始于大爆炸后几分钟，在此期间，通过原初核合成过程形成了大多数的氢和氦。这些气体从巨大的气云中凝聚成原始星系，其中一部分物质进一步凝聚形成恒星。这种恒星大气的化学成分与大爆炸过程中形成的物质化学成分相同，即基本上是氢和氦及少量的锂。除了一些最轻的元素以外，银河系中的化学元素是很多代恒星核合成的结果。在第一代恒星的内部，金属（这里定义为所有重于氦的化学元素）开始通过一系列的核合成过程而产生：①氦燃烧，是由氦核（$^{4}He$）聚变为碳核（$^{12}C$）和氧核（$^{16}O$）的过程；②碳燃烧，碳燃烧可说明由氖（Ne）到硅（Si）的观测丰度；③氧燃烧，氧燃烧可说明由硅（Si）到钙（Ga）的观测丰度；④硅燃烧，准平衡的硅燃烧可说明铁峰元素的观测丰度，这一过程会产生全部的铁族元素。当恒星演化终结时就以超新星的形式爆发，将其产生的金属元素散布到空间与星际介质相混合，作为第二代恒星的物质组成部分。这些元素称为原始金属（primary metal)，即在第一代恒星演化过程中产生的金属元素。一个重要的事实是第一代恒星并不能产生所有现存的金属元素。例如，元素钡（Ba）是通过铁原子核吸收中子而产生的，因此，元素钡及其他需要种子核合成的元素称为合成元素。

第一代恒星中的大质量星会快速成为超新星而结束演化。如果某些第一代恒星目前仍然存在，那么它们的质量必然很小，使得它们的演化过程进行得很缓慢。到目前为止，人们一直没有发现这些不含金属元素的恒星。在第二代恒星中包含有少量像铁一类的金属元素，但没有像钡一类的合成元素。第二代恒星在产生金属元素的同时，在其核心中也会产生少量的合成元素。在演化到超新星阶段，它们喷射所有的这些元素进入星际物质中并成为第三代恒星的物质组成部分。在第三代恒星中包含有各种元素，但其含量极少，特别是那些合成元素。

重元素是指比铁族元素还重（原子序数 $Z>30$）的元素。重元素原子核之间强大的库仑斥力的作用，使得重元素不能像较轻的元素那样通过带电粒子之间的核反应来合成。因为这种反应需要克服库仑势垒，而库仑势垒随着核电荷的增加而增高，在低温条件下重核之间进行反应的概率小到可以忽略，而当温度高得足以可服库仑斥力的作用时，即使铁峰元素的原子核也会经过一系列的光致裂变反应而被“溶解”为中子、质子和 $\alpha$ 粒子等。但是，俘获中子的反应却不受限制，它无需克服库仑势垒，所以在温度不是很高的情形下即可发生。

1957 年，伯比奇夫妇、福勒、霍伊尔等根据太阳系的元素丰度分布曲线提出了恒星中元素的核合成假说，通常称为 $B^2FH$ 理论。他们提出重元素是由铁峰元素通过逐步俘获自由中子而生成的，而这种合成主要通过两种不同的、彼此独立的核反应过程，即 s 过程（慢中子俘获过程）和 r 过程（快中子俘获过程）来进行的。它们分别产生于不同的物理环境：r 过程主要发生在爆炸的天体物理环境中，如超新星爆发；s 过程主要发生在红巨星内部的 He 燃烧阶段。这两种中子俘获过程的反应方式可简单表述如下：

假定恒星内有中子源，即存在放出自由中子的核反应［如 $^{13}C(\alpha, n)^{16}O$ 或 $^{22}Ne(\alpha, n)^{25}Mg$ 等］，使自由中子维持一定的数密度，这些中子的热运动将导致中子俘获过程的发生。设原子核（$Z$，$A$）稳定（不发生衰变），则中子俘获过程为

$$(Z, A) + n \longrightarrow (Z, A+1) + \gamma$$

若核（$Z$，$A+1$）也稳定，它将在这一状态停留，直至俘获到另一个中子为止，即

$$(Z, A+1) + n \longrightarrow (Z, A+2) + \gamma$$

如果核（$Z$，$A+2$）核是 β 不稳定的，则有两种可能，一是进行 β 衰变，二是继续吸收中子。究竟是继续俘获另一中子还是进行 β 衰变，这要由两个过程的相对快慢来决定。

### 6.1.1　慢中子俘获过程

若中子流很弱（中子数密度约为 $10^8 cm^{-3}$），（$Z$，$A+2$）核的中子俘获概率远低于 β 衰变概率，则核（$Z$，$A+2$）先进行 β 衰变，即 s 过程。不稳定核（$Z$，$A+2$）进行 β 衰变的过程为

$$(Z, A+2) \longrightarrow (Z+1, A+2) + e^- + \bar{\nu}_e$$

由于这个过程时标极短，可直接认为吸收中子的反应为

$$(Z, A+1) + n \longrightarrow (Z+1, A+2) + e^- + \bar{\nu}_e$$

一般情况核（$Z+1$，$A+2$）稳定，继续俘获中子，这样，s 过程核反应方式为

$$A + n \longrightarrow (A+1) + n \longrightarrow (A+2) + n \longrightarrow \cdots (\text{沿 β 稳定谷})$$

这种类型中子俘获反应链称为无分叉 s 过程反应链，所经过的核素称为 s 核素。

### 6.1.2　快中子俘获过程

若中子流很强（中子数密度约为 $10^{20} cm^{-3}$），核（$Z$，$A+2$）的 β 衰变概率远低于中子俘获概率，则核（$Z$，$A+2$）继续俘获另一中子，形成原子核对中子

的快速连续俘获，直至没有更多的中子为原子核所俘时为止，即 r 过程。因此，r 过程的核合成方式可表示为

$$(Z, A) \longrightarrow (Z, A+1) \longrightarrow (Z, A+2) \longrightarrow \cdots \longrightarrow (Z, A+X)$$

这种类型中子俘获反应链称为 r 过程反应链，所产生的核素称为 r 核素。随着核内中子数的增加，结合能降低，该反应链在某核素处终止。一旦中子源消失，则核素（$Z, A+X$）将经过 β 衰变，直到 β 稳定谷。

s 过程只能在已经包含了一定数量的种子核（铁族元素）的恒星中发生，可合成铁核之后的直至 $A=208$ 的稳定核素。s 过程又可分为两个分量，即弱分量（weak s-component）和主要分量（main s-component）。s 过程弱分量产生于大质量星（$M \geqslant 10\ M_\odot$）的中心氦燃烧阶段（中子数密度$\leqslant 10^6\,\mathrm{cm}^{-3}$），合成较轻的中子俘获元素（$60<A<90$）。s 过程主要分量产生于中（$1\sim7\ M_\odot$）、小质量（$1\sim3\ M_\odot$）的 AGB 星的 He 壳层燃烧过程中（中子数密度为 $10^7\sim10^9\,\mathrm{cm}^{-3}$），对所有的中子俘获元素都有贡献。

r 过程是一种非常重要的核合成方式：①几乎一半的稳定的重核素主要是由 r 过程产生的；②r 过程是可作为星系演化时钟的长寿命的放射性核素 $^{232}$Th，$^{235}$U，$^{238}$U 和 $^{244}$Pu 的形成机制；③它能够为研究富含中子重核素的性质提供重要线索；④它可为研究含有高度中子化物质的恒星爆发事件的温度和密度条件提供重要线索。但由于很难利用天文手段直接观测到 r 过程核素的丰度，而且富中子的不稳定核素的实验室研究也非常困难，因此，直到现在人们对 r 过程的产生场所仍存在较大的争议。目前，人们至少已经提出 10 种产生 r 过程的场所，这些已经提出的 r 过程的场所大体可以分为三类：第一类是初级场所（primary site），发生在温度较高、富中子的天体物理环境，如超新星爆发、中子星碰撞等，此时不需要种子核即可直接由 H 和 He 合成 r 过程核素；第二类是次级场所（secondary site），发生在温度较低、中子较少的天体物理环境，如正在发生超新星爆发的恒星的氦壳层和碳壳层、低质量星氦核等，此时需要上一代恒星合成的重元素作为“种子核”才能形成 r 过程核素；第三类是原初场所（primordial site），可能发生在某些大爆炸的宇宙环境中。Mathews 等通过对银河系元素丰度观测值和化学演化简单模型预言值的比较，认为 r 过程最可能产生于低质量Ⅱ型超新星（SNⅡ）爆发阶段（中子数密度$\sim10^{20}\,\mathrm{cm}^{-3}$），但超新星的质量范围还不能确定，Mathews 等的化学演化模型给出的质量范围为 $10\sim11\ M_\odot$。r 过程对较轻的中子俘获元素的合成机制问题是近年来核天体物理研究的前沿和热点，有关的观测和理论研究目前仍在进行之中。

人们通常根据太阳系中某种元素的主要同位素是由 r 过程还是 s 过程形成，而将中子俘获元素划分为 r 过程元素和 s 过程元素。但是，事实上几乎所有的重元素都可以由 r 过程和 s 过程形成。因此将这些元素统称为重元素或中子俘获元素。

## 6.2　AGB 星的结构与演化

AGB 星是人们在 20 世纪 40 年代研究球状星团的赫-罗图时发现的一个分支，由于这一分支在赫-罗图上与红巨星分支（red giant branch，RGB）很靠近，所以称为渐近巨星分支（asymptotic giant branch，AGB）。AGB 星来源于两种质量的恒星：一种是主序质量小于 2.3 $M_\odot$ 的恒星，当大量的 H 燃烧完堆积在简并 He 核上时，He 会通过 He 闪耀被点燃，He 燃烧完后恒星进入 AGB 阶段；另一种是主序质量为 2.3～8 $M_\odot$ 的中等质量恒星，直接燃烧 He 核成为简并 C-O 核进入 AGB 阶段。本质上说，AGB 星是一个埋在巨大对流包层里的简并星：核心收缩为通常与白矮星一样大小的致密的 C-O 简并核（CO degenerate core），半径约 $10^{-2}$ $R_\odot$，核心质量为 0.5～1.4$M_\odot$，C-O 核外面通常形成 H、He 双燃烧壳层，即由内向外分别有 He 燃烧壳层和 H 燃烧壳层，H-He 双燃烧壳层之间为对流壳层（He intershell），最外面是对流外包层（convective envelope）。当形成的 C-O 核心外缘接近外包层底部时，恒星进入热脉冲（TP）AGB 阶段。

一般说来，AGB 星经历的脉冲数与其初始主序质量密切相关，如初始主序质量为 1.3 $M_\odot$ 的 AGB 星，热脉冲周期长达 $10^5$ 年，经历 10～12 个热脉冲后变为白矮星；而初始主序质量为 5$M_\odot$ 的 AGB 星，热脉冲周期为 1000～3000 年，可经历 30～50 个热脉冲才形成白矮星和行星状星云。在最初几次热脉冲时，温度变化幅度不够大，随着脉冲数的增加，热脉冲振幅增大，在壳层 He 燃烧产能率达到极大时，燃烧区外面出现短时间对流壳层，在其后的脉冲过程中，对流壳层非常接近于 H、He 不连续区，随着对流外包层的向内推移，H、He 不连续区与外部包层巨大的温度梯度将导致内外物质发生急剧对流，对流速度超过包层膨胀速度，这产生了在观测上最重要的影响：它将内部壳层 He 燃烧中的核燃烧产物 3α 反应合成的 $^{12}$C 和在 He 燃烧壳层中通过 s 过程产生的重元素，借助物质对流而带到大气包层，甚至带到恒星表面，从而可以观测到大量富 C 及重元素超丰的红巨星，这就是人们所说的“第三次挖掘”（在此之前，恒星大气的原始化学成分已被两种混合机制改变，即第一次上升到红巨星时的第一次挖掘和核心 He 耗尽后发生的第二次挖掘，中等质量星才会发生第二次挖掘）。第三次挖掘过程将富氧的 MS、S 星（C/O<1）逐渐转化为富碳的 C 星（C/O>1），即 M→S→SC→C演化序列是低质量 AGB 星经历 C 核合成、s 过程核合成及第三次挖掘的共同结果。在此过程中，外部大气包层也不断为内部 He 燃烧壳层补充新的核燃料，特别是质子混入 He 燃烧壳层，生成 $^{13}$C，通过核反应 $^{13}$C（α，n）$^{16}$O 为 s 过程核合成提供中子。在 AGB 星演化过程中，星风质量损失起到了至关重要的作用。在最后几次热脉冲当中，星体外包层由于过度膨胀，以至于恒星依靠自身引力作用无法将最外面的部分物质拉回，这些物质在星风作用下被带到星际空间，导致了恒星包层质量的减小，包层被完全剥蚀光的时间，就等于 AGB 星的寿命，而被星风带走的那部分物质会在恒星周围形成一个向外扩张的行星状星云。“第三次挖掘”机制使 s 过程核合成理论的预言结果可以与 AGB 星表面丰度直接进行比较。另外，由于在其内部通过慢中子俘获过程（s 过程）合成的比铁族元素更重的重元素及通过 3$\alpha$ 反应生成的 C 元素可以通过第三次挖掘过程被带到恒星表面，并通过星风进入星际介质，这在星际物质重元素增丰的过程中起到了重要的作用。因此，在重元素核合成过程中，AGB 星扮演着非常重要的角色。

## 6.3 外赋 AGB 星

在 s 过程理论和 TP-AGB 模型逐步完善的同时，也还存在着明显的困难：一些外包层呈现重元素超丰而未观测到 $^{99}$Tc 的特殊红巨星（包括 Ba 星、CH 星等），由于光度太低，理论上认为还未演化到 AGB 阶段，而 AGB 星是 s 过程核素的最主要来源。因此，人们认为这类恒星同 TP-AGB 星的重元素超丰有着完全不同的机制——可能来自双星物质吸积。当初始质量较小的伴星仍在主序阶段时，初始质量较大的主星由于演化快，已演化到 AGB 阶段，通过第三次挖掘，把 He 燃烧壳层内合成的重元素和碳挖掘到恒星表面，从而呈现重元素超丰。在此阶段，另一重要特征是两颗星通过星风吸积、盘吸积或公共包层抛射发生质量传输，把主星上富含重元素和碳的物质带到其伴星上，从而改变伴星表面重元素和碳的丰度。主星把整个外包层抛出后，将经过行星状星云，最后演化为白矮星。其初始质量较小的伴星由于外包层富含重元素和碳，从外观上看很像一颗 AGB 星。Lambert 将富含 C 及 s 核素但观测不到 $^{99}$Tc 的 AGB 星取名为“外赋 AGB 星”，由于双星间的质量传输发生在 $1\times10^6$ 年以前，于是在原 TP-AGB 星中产生的 $^{99}$Tc 几乎全部衰变。Ba 星和 CH 星、外赋 S 星、贫金属的铅星与非铅星以及 s+r 星都属于外赋 AGB 星。由于外赋 AGB 星的元素丰度分布间接反映了 AGB 星核合成的特点，因此对研究 AGB 星核合成的物理条件具有重要意义，特别是 C 超丰的极贫金属星，由于形成年代较早，质量较大的主星（AGB 星）已演化结束（现在是白矮星），目前只能观测到它的伴星——外赋 AGB 星。

## 6.4 贫金属星中子俘获元素丰度分布

恒星的化学组成对恒星结构和性质有重要影响。巴德最早将恒星划分为两大星族：星族Ⅰ和星族Ⅱ。这两个星族的化学组成明显不同。星族Ⅰ恒星比较年轻且金属丰度较高，普遍大于太阳金属丰度的 1/10；星族Ⅱ恒星较为年老且金属丰度相对偏低，一般小于太阳金属丰度的 1/10，其平均的金属丰度［Fe/H］≈－1.60，如极贫金属晕星 CS 22892－052 的［Fe/H］≈－3.12，年龄约为 170 亿年。

贫金属星的中子俘获元素丰度与恒星的形成和演化密切相关，它为研究星系形成早期的历史背景和化学演化提供了重要的信息。由于贫金属星是星系早期形成的恒星，有的年龄与银河系的年龄相当，在其外层仍然保持着星系形成后各阶段所具有的原始化学组成，因此，贫金属星是包含着银河系化学演化历史的“化石”，其元素丰度分布情况为星系化学演化理论的计算提供了限制条件。而且通过理论计算所得到的重元素丰度与天文观测结果的比较，可进一步检验恒星内部重元素的核合成理论。因此，贫金属星的重元素的核合成及其丰度分布的研究对于检验元素的核合成理论和探索星系形成早期的化学演化具有重要意义。贫金属星中各核合成过程对中子俘获元素丰度贡献的比例的确定，不仅能提供星系形成后各个阶段核合成的直接和详细的证据，而且对于认识太阳系的形成、星系的化学演化以及核天体物理学中一系列基本问题起着关键作用。

恒星的中子俘获元素丰度一般是通过对恒星光谱的观测和分析确定的。近年来，大口径望远镜和高量子效率探测器与高分辨率摄谱仪的投入使用，使人们可以观测到较低金属丰度暗弱恒星的高质量光谱，从而积累了大批不同金属丰度恒星的化学丰度资料。20 世纪 90 年代，人们利用哈勃空间望远镜从太空中观测到某些在地面上观测不到的中子俘获元素的丰度，使观测到的贫金属星的中子俘获元素达到 20 种。随着对贫金属星中子俘获元素丰度的观测资料的增多，就有可能将贫金属星重元素丰度分布的不同模型所得计算结果与观测结果进行较详细地比较。贫金属星中子俘获元素丰度分布及星系化学演化必然会进一步引起天文学界的重视。

太阳系的元素及其同位素丰度是迄今为止观测到的最详细和最精确的，因此常将太阳系的元素丰度作为标准元素丰度或宇宙丰度。1989 年，Anders 和 Greverse 发表了最新的太阳系的元素及其同位素的观测丰度，Käppeler 利用 s 过程理论得到了太阳系 r 过程核素丰度和 s 过程核素丰度（实际上 Sneden 等更直接地给出了太阳系 r 过程和 s 过程的元素丰度）。1993 年，Raiteri 等给出了 s 过程弱分量与 s 过程主要分量对太阳系核素丰度的相对贡献，由此可确定 s 过程弱分量丰度与 s 过程主要分量丰度。

20 世纪 40 年代以前，人们只知道大多数恒星的化学组成与太阳的很相似，因而就认为分布在整个宇宙元素丰度可能是一样的。但是后来的研究发现，在不同类型的恒星上，元素丰度的分布有很大的差异。对于星族Ⅰ的恒星，通常可取重元素丰度与太阳系丰度呈相似分布，即

$$N_i = N_{i\odot} \times Z/Z_\odot \tag{6.1}$$

式中，$N_i$是恒星的某元素丰度，$Z$是恒星的金属丰度。但后来的观测表明，对于星族Ⅱ的贫金属星，其中子俘获元素丰度明显与太阳系的元素丰度分布不同。多年来，人们对贫金属星重元素丰度进行了大量的观测研究。

目前，重元素丰度观测值最多的贫金属星当属极贫金属晕星 CS 22892-052。Sneden 等对该星进行了详细观测，并利用所获得的高分辨率、高信噪比光谱确定了多达 20 种重元素的丰度。他们发现尽管极贫金属晕星 CS 22892-052 的金属丰度很低（[Fe/H] ≈−3.1)，但重元素却明显超丰：0.3≤ [重元素/Fe] ≤1.8，并且用太阳系 r 过程丰度曲线乘以一个下降因子（以 Nd 的丰度为标准）后所得的丰度曲线能够很好地拟合 Ba 以后所有的重元素（$Z$≥56）的观测丰度。但 Cowan 等的研究发现，上述按下降因子调整了的太阳系 r 过程丰度曲线却不能拟和其中较轻的中子俘获元素 Sr 和 Y 的观测丰度，必须考虑 s 过程弱分量对较轻的中子俘获元素的贡献。Cowan 等利用将太阳系 r 过程丰度和 s 过程弱分量的丰度人为混合后的丰度曲线，很好地拟合了极贫金属晕星 CS 22892-052 的所有观测丰度，结果表明极贫金属晕星 CS 22892-052 中可能已经存在 s 过程弱分量的贡献，但其较重元素丰度主要是由 r 过程产生的。

贫金属晕星 HD 126238（[Fe/H] =−1.7）是另一颗元素丰度观测值较多且比较准确的恒星。1996 年，Cowan 等利用哈勃空间望远镜首次在这颗星上探测到太阳系中的 r 过程第三峰元素 Os、Pt 和 Pb，并结合地面的观测结果研究了该星的重元素丰度分布，结果发现太阳系纯 r 过程或 s 过程元素丰度均不能拟合出该贫金属星的丰度观测值，而应同时考虑 r 过程和 s 过程的共同贡献，拟合观测丰度的最佳曲线的混合比例为 80%的太阳系 r 过程丰度和 20%的 s 过程丰度。

一方面，贫金属星中较重的中子俘获元素（$Z$>55）的丰度分布与太阳系纯 r 过程丰度分布相似，而要拟合较轻的中子俘获元素（如 Sr、Y、Zr）丰度，还应同时考虑 s 过程的贡献，即使对 [Fe/H] <−2.5 的极贫金属星也是如此；另一方面，用整个太阳系的元素丰度分布也不能拟合贫金属星的中子俘获元素丰度。一般情况下，恒星的元素丰度来自三个核合成过程产物的彼此混合，而光谱观测又很难将不同核合成过程对中子俘获元素丰度的贡献区分开，使得贫金属情况下 r 过程和 s 过程对元素丰度贡献比例的确定具有较大的不确定性。由于受观测条件和其他各种因素的限制，目前只能观测到贫金属星中一部分中子俘获元素的丰度；虽然目前已有一些关于贫金属星重元素化学演化的理论工作，但由于观测的限制及计算工作量的巨大，有关的理论计算还只局限于个别元素，而不能对所有重元素进行这样的计算，更不能具体到各核素的化学演化及相对丰度。因此，有必要从观测和理论相结合的角度探讨一种确定不同金属丰度下各核合成过程对重元素丰度贡献比例的有效方法。

## 6.5 中子俘获元素的星系化学演化

虽然不可能直接测定几百亿年前早期星系的化学元素丰度，但却能通过分析具有不同年龄的恒星大气的化学成分而了解星系的化学演化。如果这些恒星还没有演化到巨星分支，它们表面的化学成分就应当与形成时气体的化学成分相同，可以由此探索星系的化学演化。直接测定场星的年龄是极其困难的，通常选用由于若干代恒星的演化结束而使星际气体中金属逐渐增丰的金属丰度，如[Fe/H]，作为表示年龄的参数。近年来，贫金属星中观测到丰度值的重元素已达十多种，金属丰度的范围也逐渐加大，[Fe/H] 从−4 到 0.5。将这些观测数据作为约束条件与各种星系化学演化模型的计算结果相比较可以检验模型的优劣，得到关于中子俘获核合成场所及星系化学演化有关信息。

1979 年，Tinsley 在 s 过程元素正比于 Fe 的假定下研究了 s 过程元素化学演化，但观测表明钡的丰度变化并不遵循这一规律，而是高于上述假定的预言丰度，Tinsley 认为在贫金属情况下钡的产生更为有效可能是上述偏离的原因。1988 年，Andreani 等利用半解析模型研究了中子俘获元素的星系化学演化，他们指出随时间变化的恒星形成率在解释 r 过程和 s 过程元素化学演化方面是最成功的，并给出了纯 r 过程和 s 过程元素丰度的化学演化曲线。1995 年和 1997 年，Pagel 等利用考虑了延迟产量因素后的半经验解析模型研究了 r 过程和 s 过程元素的星系化学演化，并得到与观测符合的结果。计算中，假定 r 过程元素主要由 11 $M_\odot$ 的Ⅱ型超新星的初级（primary）核合成形成，而 s 过程元素的弱分量和主要分量分别由 8.5 $M_\odot$ 和 1.5 $M_\odot$ 的初级核合成形成。实际上 s 过程元素的核合成是需要铁族元素作种子核的，应属次级（secondary）产物。Pagel 等认为，由于丰度观测值具有较大的离散，s 元素的次级特点已被抹掉，因此可将其处理为初级核合成。

1992 年，Mathews 等在特定恒星产量和时间延迟的假定下研究了中子俘获元素的星系化学演化，计算时将 r 过程场所简单地分为两类：初级产物（在恒星内部直接由 H 和 He 合成）和次级产物（由已存在的种子核俘获中子合成），并考虑了中子源的影响。文中假定 r 过程对丰度的贡献都与太阳系 r 过程丰度分布相似，而 s 过程的贡献采用 Hollowell 低质量 AGB 星模型。计算结果表明，中子源 $^{13}C$（α，n）$^{16}O$ 可以给出与观测趋势相符的合理解释，中等质量星是进行 s 过程核合成的最有效的场所；r 过程场所可能是低质量Ⅱ型超新星（7～8 $M_\odot$）的初级核合成或大质量超新星的次级核合成，r 过程产量几乎不依赖于种子核物质的丰度。由于 r 过程主要产生于低质量（7～8 $M_\odot$）Ⅱ型超新星爆发（SNⅡ）阶段，而低质量 SNⅡ超新星的前身星的主序寿命比大质量 SNⅡ超新星的长，在星系形成早期，只有大质量 SNⅡ超新星，它产生铁，但对 r 过程元素贡献很小，因此，[Eu/Fe] 很小。随着金属丰度的升高，低质量 SNⅡ超新星开始发生，对 r 过程的贡献逐渐增加，[Eu/Fe] 随之增加。大约经过 1 Gy，即金属丰度增加到 [Fe/H] =－2.0 附近时，Ⅰa 型超新星开始爆发，并成为合成铁的主要来源，但Ⅰa 型超新星对 r 过程元素丰度的贡献很小。因此，在星系形成晚期，即当 [Fe/H] >－2.0 时，由于产生铁的来源的增加，[Eu/Fe] 随金属丰度的增加反而降低，到零金属丰度时达到其在太阳系中的值。因而在 [Fe/H] =－2.0附近，[Eu/Fe] 出现了极大峰值，从而定量解释了观测事实。

最近，Travaglio 等计算 AGB 星 s 过程核合成时发现其产额明显依赖于金属丰度，在此基础上，假定 r 过程场所是低质量Ⅱ型超新星的初级核合成，对丰度的贡献都与太阳系 r 过程丰度分布相似，将星系分为晕、厚盘和薄盘三个区域，研究了中子俘获元素的化学演化。在星系盘中，s 过程对钡的贡献占支配地位，而在较低金属丰度情况下，初级 r 过程的贡献起决定作用。对于 r 过程核合成，[Fe/H] <－2 时，[r 元素/Fe] 随 [Fe/H] 的下降而下降的观测趋势可由较低质量（8～10 $M_\odot$）的超新星爆发解释。

## 6.6 铅星与非铅星问题

1998 年，Gallino 等的低质量 AGB 星核合成模型预言：在金属丰度较高时，由于核合成区域内中子数密度较低，中子辐照量较小，合成铅的效率较低，铅相对于其他重元素不会超丰；而当金属丰度 [Fe/H] <－1.3 时，由于核合成区域内中子数密度较高（中子数密度近似与金属丰度成反比），中子辐照量也较大，合成铅的效率较高，铅相对于其他重元素超丰，富 s 过程的低质量 AGB 星都是铅星。上述预言最近被欧洲南部天文台所证实，他们利用 3.6 m 天文望远镜观测到了三颗铅星——HD187861、HD224959 和 HD196944。不过他们同时指出，符合金属丰度条件的贫金属星 LP625-44（[Fe/H] =－2.71）并不是铅星。很明显，非铅星的丰度模拟结果以及对极贫金属 AGB 星的一系列丰度观测事实对低金属 AGB 星核合成模型提出了严峻的挑战，目前的恒星演化理论还不能解释上述观测事实。从恒星演化的角度看，s 过程核合成的结果应主要依赖于 AGB 星的初始金属丰度和初始质量，铅星作为低质量、低金属丰度 AGB 星的演化产物，其演化过程既具有 AGB 星演化的共性，又具有其自身的特点。

## 6.7 s+r 星问题

2000 年，Hill 等对富 C 的极贫金属星丰度观测表明，有一部分样品的元素丰度非常特殊，既不能单用 s 过程理论解释，也不能单用 r 过程理论解释，而表现为 s 过程及 r 过程核素丰度均超丰，这一丰度观测事实对外赋 AGB 星模型提出了挑战，令人困惑。2003 年 Qian 等提出了一种机制，认为这类恒星来自双污染事件：首先，初始质量较大的主星由于演化快，演化到 AGB 阶段，通过第三次挖掘，把 He 燃烧壳层内合成的重元素和碳挖掘到恒星表面，通过质量传输把主星上富含重元素和碳的物质带到其伴星上，从而改变伴星表面重元素和碳的丰度。主星把整个外包层抛出后，将经过行星状星云，最后演化为白矮星；然后，随着双星系统的进一步演化，白矮星从初始质量较小的伴星吸积物质，引起核心的坍缩，进而发生超新星爆发同时出现了 r 过程核合成，并将核合成产物再次抛向伴星，通过二次污染形成 s+r 星。这一机制虽然易于接受，但也存在一定问题。首先它与Ⅰa 型超新星的爆发机制基本相同，而Ⅰa 型超新星的爆发将产生大量的铁，使被污染的伴星金属丰度显著升高，另外，根据目前的核合成理论，Ⅱ型超新星才是 r 过程核合成的主要场所，而Ⅰa 型超新星几乎不产生 r 过程核素。几乎同时，Cohen 等提出了三星系统的双污染机制：大质量星的Ⅱ型超新星爆发产生的 r 过程核素以及较低质量的 AGB 星产生的 s 过程核素依次污染系统中最小质量恒星，形成 s+r 星，但他们又同时指出：形成这一机制可能性很小，随后 Barbuy 等又进一步指出三星系统这一机制在动力学上讲也是极不稳定的。2004 年 Zijlstra 指出，在贫金属环境下，AGB 星的星风物质损失率远低于高金属丰度情况，这一物理因素直接导致低金属丰度 AGB 星的最终核心质量可以达到很高的数值，特别是在低金属条件下，随着恒星的演化，3～5 $M_{\odot}$ 的 AGB 星的核心质量可超过白矮星的质量极限，直接导致 AGB 星的超新星爆发，将这类天体称为 1.5 型超新星或 AGB 超新星，由于这种恒星核心质量与大质量星相当，因此物理上与Ⅱ型超新星情况接近，可有效地进行 r 过程核合成，这为 s+r 星的形成提供了较为坚实的物理基础。如果这一机制属实，则这类 AGB 星 s 过程核合成的重叠因子应很小，从而属于非铅星，这还有待于进一步的理论探究及观测的检验。

## 6.8　结　束　语

虽然目前对贫金属星的中子俘获元素丰度分布及星系化学演化研究已经取得很大进展，但仍有许多问题有待人们去研究。

(1) 目前，在中子俘获元素核合成的计算中，初始丰度仍按式（6.1）取值。如果实际丰度分布与式（6.1）有较大偏离，不仅影响核合成的计算结果，还会影响星系化学演化的计算结果，使星系中子俘获元素化学演化的计算只能停留在一个比较粗糙的水平上。因此，需要从观测的角度给出更符合实际的计算丰度分布公式，以提供星系形成后各个阶段的平均环境，为中子俘获元素核合成和中子俘获元素的星系化学演化提供更严格的约束条件。鉴于贫金属星的重元素丰度的平均分布的重要性，应对大量恒星的丰度观测值做统计分析，找出规律。在此基础上重新进行 r 过程和 s 过程核合成的计算以及星系中子俘获元素化学演化的计算，得到更准确的结论。

(2) 建立更为完善的中子俘获元素星系化学演化的解析模型。Pagel 等的半经验解析模型虽然在研究 r 过程和 s 过程元素的星系化学演化时取得了一定成功，但在计算中，假定 s 过程元素的弱分量和主要分量丰度由初级核合成形成，这是不符合实际的。Pagel 等的模型中各元素的产率为可调参量，显得可调参量过多。注意到贫金属星中子俘获元素的丰度之间存在的相关关系，可能会大量地减少可调参量，从而减少模型的不定因素。

(3) 选取更为合适的 s 过程弱分量的代表元素，以减小由于采用 Sr 作为 s 过程弱分量的典型代表而造成的分量系数的不确定性，这需要获得贫金属星中的更多的较轻的中子俘获元素的观测丰度。目前人们已经利用哈勃空间望远镜(HST) 观测到贫金属星中 Ge ($Z=32$) 的丰度，随着观测到的较轻的中子俘获元素的增加，人们期望能够得到一种更为合适的 s 过程弱分量的代表元素。

(4) 将贫金属星按形成环境或条件的不同分类进行研究，以减小不同恒星之间重元素丰度的弥散，使研究工作更加细致深入。为了进一步研究贫金属星重元素核合成的真实图像和星系形成早期化学演化的历史，需要更多的、更精确的观测资料，特别是增加 [Fe/H] $<-2.5$ 极端贫金属星的 Ba 和 Eu 的丰度观测数据，以精确确定 s 过程和 r 过程对贫金属星重元素丰度的相对贡献。还需要增加对较轻的中子俘获元素的观测，特别是质量数 $A=100$ 附近的中子俘获元素的观测丰度，以进一步探索较轻的中子俘获元素的核合成的真实图像，检验是否存在不同的 r 过程或次 r 过程机制等。如果得到证实，r 过程也应分为两个分量，则应引入 4 个分量系数，并将重元素分成较轻和较重两个区域（以 $A\approx140$ 为界）分别进行研究，这可能会进一步改进理论预言的效果，得到更多有关星系形成早期重元素核合成的信息。

(5) 铅星产生的物理条件以及非铅星存在的物理原因是什么？考虑物质吸积对铅星的产生有什么影响。

(6) s+r 星的物理机制是什么？与其相应的核合成的物理条件怎样？

除此之外，还有许多问题有待人们去深入探讨。随着丰度观测资料的增多和精度的提高以及这些问题的逐步解决，中子俘获元素丰度分布及星系化学演化的研究也将进入一个新的阶段。

# 第 7 讲　磁学基础与常见磁现象

磁学对人们的生活、科技进步和社会发展的影响越来越大。任何物质都有磁性，任何空间都有磁场，磁现象普遍存在。本讲将介绍大到宇宙空间的脉冲星超强磁场，小到微观领域的电子自旋与磁矩，以及我们生活的地球的地磁场、候鸟对地球磁场的探测等磁现象。通过本讲可以了解：磁性的来源与分类；电磁感应与涡流的应用及其危害；磁悬浮列车和电磁武器的原理；载人航天与智能磁性材料；极光现象和太阳黑子的观察和记载；指南针在航海、磁（慈）石在医学上的应用；鸽子回家和海龟回游之谜的探索；地球磁场的反向与大陆漂移；磁学方法探测暗物质与反物质；核磁共振成像与 CT；磁单极子的寻找历程等。

## 7.1　磁学基础

### 7.1.1　磁学基础

磁是什么？一般提起磁，人们都觉得磁是较为少见的，好像主要就是磁石或磁铁。磁铁吸引铁粉，指南针指示南北方向，而把一般物质称为无磁性或非磁性。

情况果真如此吗？现代科学的发展已经表明这样的看法是不对的。现代科学研究已经充分证实：任何物质都具有磁性，只是有的物质磁性强，有的物质磁性弱；任何空间都存在磁场，只是有的空间磁场高，有的空间磁场低。所以说包含物质磁性和空间磁场的磁现象是普遍存在的。

我们的生活每时每刻都与磁性有关。没有它，我们就无法看电视、听 mp3、打手机；没有它，夜晚将是一片漆黑。

人类虽然很早就认识到磁现象，但直到现代，人们对磁现象的认识才逐渐系统化。

如今，磁技术已经渗透到日常生活和工农业技术的各个方面，人们已经越来越离不开磁性材料的广泛应用。

### 7.1.2　磁性与磁场

物质的磁性不但是普遍存在的，而且是多种多样的，并因此得到广泛的研究和应用。近自我们的身体和周边的物质，远至各种星体和星际中的物质，还有微观世界的原子、原子核和基本粒子，宏观世界的各种材料，都具有这样或那样的磁性。

世界上的物质究竟有多少种磁性呢？一般说来，物质的磁性可以分为弱磁性和强磁性。根据磁性的不同特点，弱磁性又分为抗磁性、顺磁性和反铁磁性；强磁性又分为铁磁性和亚铁磁性。这些都是宏观物质的原子中的电子产生的磁性。原子中的原子核也具有磁性，称为核磁性。但是核磁性只有电子磁性的约千分之一或更低，故一般讲物质磁性和原子磁性都主要考虑原子中的电子磁性。

### 7.1.3 磁性的来源

物质的磁性来自构成物质的原子，原子的磁性又主要来自原子中的电子。那么电子的磁性又是怎样的呢？原子中电子的磁性有两个来源：一个来源是电子本身具有自旋，因而能产生自旋磁性，称为自旋磁矩；另一个来源是原子中电子绕原子核做轨道运动时也能产生轨道磁矩，称为轨道磁性。

为什么只有少数物质（像铁、钴、镍等）才具有磁性呢？原来，电子的自转方向总共有上下两种。在一些物质中，具有向上自转和向下自转的电子数目一样多，它们产生的磁极会互相抵消。整个原子，以至于整个物体对外没有磁性（抗磁性）。而对于自旋向上、向下的电子数目不同的情况来说，这些电子所有磁矩不能相互抵消，导致整个原子具有一定的总磁矩。但是这些原子磁矩之间没有相互作用，它们是混乱排列的，所以整个物体没有强磁性（顺磁性）。

只有少数物质（如铁、钴、镍），它们的原子内部电子在不同自旋方向上的数量不一样，在自转相反的磁矩互相抵消以后，还剩余一部分电子的磁矩没有被抵消。这样，整个原子具有总的磁矩。同时，由于一种被称为“交换作用”的机理，这些原子磁矩之间被整齐地排列起来，整个物体也就有了磁性（铁磁性）。

## 7.2 磁的故乡

### 7.2.1 中国是磁的故乡

中华民族很早就认识到了磁现象。指南针是中国古代四大发明之一，古代中国在磁的发现、发明和应用上都居于世界首位，可以肯定地说中国是磁的故乡。

公元前3世纪，战国时期《韩非子》中这样记载：“先王立司南以端朝夕”。《鬼谷子》中记载：“郑人取玉，必载司南，为其不惑也”。

公元1世纪，东汉王充在《论衡》中写道：“司南之杓，投之于地，其柢指南”。

公元11世纪，北宋沈括在《梦溪笔谈》中提到了指南针的制造方法：“方家以磁石磨针锋，则能指南……”同时，他还发现了磁偏角，即地球的磁极和地理的南北极不完全重合。

### 7.2.2 司南和指南针的发明

司南是我国春秋战国时代发明的一种最早的指示南北方向的指南器，还不是指南针。根据春秋战国时期的《韩非子》和东汉时期的《论衡》书中的记载，司南是利用天然磁石（古代称慈石）制成汤勺形，由其勺柄指示南方。

现在北京的中国历史博物馆和其他地方的许多博物馆都有司南的模型展出。

我国还发明了一种意义更重大、制法更简单、使用更方便、用途更广泛的指南针。最早是北宋著名政治家和科学家沈括在其著作《梦溪笔谈》中记述的，大意是利用天然磁石磨铁针，受磨的铁针就能指向南方。

### 7.2.3 指南针在航海中的最早应用

指南针在北宋时期发明以后，很快就在航海上得到了应用。在未采用指南针前，航海是白昼依靠太阳和夜里依靠恒星的位置来确定方向的，称为天文导航。

### 7.2.4 磁（慈）石在医药中的应用

在《史记》中的“仓公传”便讲到齐王侍医利用 5 种矿物药（称为五石）治病。这 5 种矿物药是指磁石（$Fe_3O_4$）、丹砂（HgS）、雄黄（$As_2O_3$）、矾石（硫酸钾铝）和曾青（$CuCO_3$）。随后历代都有应用磁石治病的记载。

北宋何希影著的《圣惠方》医药书中讲到，磁石可以医治儿童误吞针的伤害。把枣核大的磁石，磨光钻孔穿上丝线后投入喉内，便可以把误吞的针吸出来。

南宋《济生方》医药书中又讲到，利用磁石医治听力不好的耳病，将一块豆大的磁石用新绵塞入耳内，再在口中含一块生铁，便可改善病耳的听力。

明代著名药学家李时珍著的《本草纲目》中关于医药用磁石的记述内容丰富，对磁石形状、主治病名、药剂制法和多种应用的描述都很详细。

### 7.2.5 北极光和太阳黑子的观察记载

北极光是发生在地球北极区及其附近高纬度区域高空的多种色彩和多种形状的发光现象。这种发光现象也发生在南极区及其附近高纬度区域的高空，称为南极光。

太阳黑子是在太阳表面出现的小的暗淡区域，其大小、数目和位置都随时间变化。

我国古代在地球极光和太阳黑子的观察记载在世界上是最早，也是最多、最丰富的。

我国在传说中的黄帝时代便有黄帝母亲看见“大电绕北斗枢星”的传说，大电便是指北极光现象。秦代便有确定年月的北极光现象的记载。西汉时更进一步有了确定年月日的北极光现象记载。我国历代关于北极光现象的记载是极为丰富的。根据科学家和历史学家的统计：从传说的黄帝时代（约公元前 27 世纪）到 16 世纪初，我国便有 350 多次关于北极光现象的记载；在 1～10 世纪期间有 180 多次北极光现象的记载，而其中有确定年月日的记载便有 140 多次。这在世界上是北极光现象观察记载最早和最多的。

地球的极光现象色彩鲜艳，形状多种多样，尽管人类在几千年前就观察和记载了这一发光现象，但是在很长时期中都不知道发生极光的原因，更不知道极光与地球磁场的关系。直到近代科学的发展，才弄清楚极光的产生时间、表现形态和变化情况都同地球磁场密切相关。

极光的形成主要是由于太阳的带电微粒发射到地球磁场的势力范围，受到地球磁场的影响，从高纬度进入地球的高空大气，激发了高层空气微粒而造成的发光现象。地球是一块巨大的磁石，而它的磁极在南北两极附近。从太阳射来的带电微粒流也要受到地磁场的影响，而且使带电微粒流聚集在磁极附近。所以极光大多在南北两极附近的上空出现。

我国也是对太阳黑子观察记载最早和最多的国家。在我国古籍《周易》中便有关于黑子现象的记载。西汉以后便有太阳黑子现象出现的明确年月，甚至明确年月日期的记载。根据科学家和历史学家的研究和统计，我国从公元前 1 世纪到公元 17 世纪便有 100 多次太阳黑子现象的记载。

太阳黑子是在太阳表面出现的很小的较暗的区域。观测表明黑子出现的数目、大小和位置都是随时间变化的。进一步研究表明，太阳黑子是一种太阳磁场引起的局部区域温度降低、发光减弱的现象。通过观测和研究才认识到太阳黑子的出现和变化是同太阳的磁场活动密切相关的。

太阳的黑子活动不但同太阳的结构和活动等密切相关，而且对于地球也有影响。所以太阳黑子的观察研究受到重视。

从上面的介绍可以看出，我国古代对于磁的发现、发明和应用是多方面的，都是世界上最早的，因而可以说中国是磁的故乡。

## 7.3 生物磁现象

### 7.3.1 生物磁现象

通过现代科学的大量和广泛的观测、实验和理论研究表明，包括人在内的生物体不但具有磁性和产生磁场，而且这些磁性和磁场对于生物还有着重要的应用。

### 7.3.2　核磁共振层析成像

磁在生物学和医学方面的一项重要应用是原子核磁共振成像，简称核磁共振成像，又称磁共振 CT（CT 是计算机化层析术的英文缩写）。这是利用核磁共振的方法和电子计算机的处理技术等来得到人体、生物体和物体内部一定剖面的一种原子核素，也即这种核素的化学元素的浓度分布图像。目前应用的是氢元素的原子核核磁共振层析成像。

这种层析成像比目前应用的 X 射线层析成像（又称 X 射线 CT）具有更多的优点。例如，X 射线层析成像得到的是成像物的密度分布图像，而核磁共振层析成像却是成像物的原子核密度的分布图像。目前虽然还仅限于氢原子核的密度分布图像，但氢元素是构成人体和生物体的主要化学元素。因此，从核磁共振层析成像得到的氢元素分布图像，要比从 X 射线密度分布图像得到人体和生物体内的更多信息。

### 7.3.3　心磁图和脑磁图

一般在做体格检查时常要做心电图的检查，在身体上几处贴上电极片，然后用心电检测仪测绘出心电图，再根据心电图来诊断心脏活动是否正常，是否有什么疾病。这是因为人的心脏活动会产生心脏电流，而心脏活动的正常与否便会反映在心脏电流随时间的变化上。这种心脏电流变化称为心电图。

但心电图会受电极片接触情况的影响，而且心电图不能反映心电流的直流分量，电极片更不能离开人体。但我们知道，电流会产生磁场，因此心脏电流会产生心脏磁场，原理上同心电图一样也会有心磁图，但是同心电图相比较，要测量心磁图却很困难，可是从心磁图获得的心脏信息却更多和更有其优点。

为什么目前医院里还没有应用心磁图和脑磁图呢？这是因为心脏产生的心磁场和脑部产生的脑磁场都太微弱，不但需要特别的高度灵敏的测量心、脑磁场的磁强计，如应用在很低温度下才能使用的超导量子干涉（SQUID）磁强计，而且由于微弱的心脏磁场只有地球磁场的大约百万分之一（$10^{-6}$），更微弱的脑部磁场只有地球磁场的大约亿分之一（$10^{-8}$），因此在测量心脏磁场和脑部磁场时还必须排除地球磁场的干扰，这就需要在能把地球磁场显著减小的磁屏蔽室中进行心、脑磁场的测量。

但是，从另一方面看，同心、脑电图相比较，心、脑磁图在医学应用上却有许多特点和优点。

例如，心电图只能测量交变的电流信号，不能测量直流的电流信号，因而不能应用于只产生直流异常电信号的生理病理探测，而心、脑磁图却能同时测量交变和直流的磁场信号。

又如，心、脑电图的测量都需要使用同人体接触的电极片，而电极片的干湿程度及同人体接触的松紧程度都会影响测量的结果。同时因使用的电极片不能离开人体，故只能是二维空间的测量，但是心、脑磁图却是使用可不同人体接触的测量线圈（磁探头），既没有接触的影响，又可以离开人体进行三维空间的测量，可得到比二维空间测量更多的信息。

### 7.3.4 鸽子回家和海龟回游

许多人都知道，家里养的鸽子可以从离家几十、几百甚至上千千米的地方飞回家里；燕子等候鸟每年都在春秋两季分别从南方飞回北方，又从北方飞到南方；一些海龟从栖息的海湾游出几千千米后又能回到原来的栖息处。

它们是如何辨别方向的？难道它们也像人类航海时一样使用指南针吗？大量和长期的观察研究表明，这些生物从原居处远行后再回到原居处，确实是与地球磁场有关的。

1. 关于鸽子的观察研究

曾将两组鸽子分别绑上强磁性的永磁铁块和弱磁性的铜块，在远离鸽巢放飞后，绑有铜块的鸽子全部都飞回鸽巢，但绑有永磁铁的鸽子却迷失方向而未返回鸽巢。这表明永磁铁的磁场干扰，使鸽子不能识别地球磁场。

又曾将一组鸽子放置在鸽巢和鸽巢的地磁共轭点（距鸽巢数千千米）之间的中点处，放飞后这些鸽子大约有一半飞回原来的鸽巢，其余的鸽子却飞到鸽巢的地球磁场共轭点处了。这表明鸽子是依靠地球磁场来识别鸽巢的。

还有一些观察显示，鸽子在无线电台等强电磁场附近常会迷失方向。这表明强的电磁场会干扰鸽子识别地球磁场。

2. 关于鸽子能识别地球磁场原因的猜测

进一步观察研究发现鸽子头部含有少量的强磁性物质四氧化三铁（$Fe_3O_4$）。我国古代的司南指南器就是利用天然磁铁矿石制造的，其主要成分也是 $Fe_3O_4$。但是鸽子是否是利用其头部的 $Fe_3O_4$ 导航（识别地球磁场方向）？又是如何利用 $Fe_3O_4$ 导航的？这些都是需要进一步研究的问题。

3. 关于海龟回游的观察研究

对出生在美国东南海岸的一种海龟游动进行的观察显示，幼海龟在大西洋中沿着顺时针路线出游，经过若干年后又能回到出生地产卵。这些海龟是依靠什么导航的？有的观察研究者认为同地球磁场有关，并进行了这样的实验研究：在装有海水并加上人造磁场的大容器中，观测到磁场的确影响海龟的航行。当人造磁场反向时，海龟的游动也反向。这表明磁场是影响海龟的航行的。但是磁场影响海龟航行的程度和机制等都需要进一步研究。

### 7.3.5　磁性细菌的磁导航

20 世纪 70 年代，一位美国博士生在研究细菌时偶然观测到一种水生细菌总是朝北方和一定深度的水下游动。这一奇特现象引起了他和后来更多的研究者的关注。对这种后来称为磁性细菌的大量的观测和研究取得了许多重要的结果。

首先，分别在北半球的美国、南半球的新西兰和赤道附近的巴西对这种磁性细菌的观测研究表明，这种磁性细菌在北半球是沿着地球磁场方向朝北游动，而在南半球却是逆着地球磁场方向朝南游动，但在赤道附近则既有朝北游动的，也有朝南游动的。

其次，由细菌体分析研究表明，在这种长条形细菌体中，沿长条轴线排列着大约 20 颗细黑粒。这些细黑粒是直径约 50 nm 的强磁性 $Fe_3O_4$。

再次，将这种细菌在不含铁的培养液中培养几代后，其后代体内便不再含有 $Fe_3O_4$ 细粒，同时也不再具有沿地球磁场游动的向磁性了。总之，这些观察、实验和研究表明，磁性细菌所表现的沿地球磁场游动的特性是同细菌体内所含的强磁性 $Fe_3O_4$ 分不开的。

为什么这些强磁性铁氧体颗粒的直径总是在 50 nm 左右，而不是更粗或者更细的颗粒？为什么这些磁性细菌在地球北半球和南半球的游动方向会分别向北和向南？这种强磁性铁氧体（$Fe_3O_4$）颗粒在 50 nm 附近正好形成单磁畴结构，可得到最佳的强磁性。最新的研究结果表明，太粗或太细都会使其强磁性减弱。

这种磁性细菌在地球北半球和南半球的游动方向分别向北和向南，是因为这种磁性细菌是一种厌氧性细菌，这样沿地球磁场游动都正好离开海洋表面而游向少氧的海面下，而且在这样海面下也正是养料较为丰富的区域。

从以上的介绍可以看出，在生物世界里，磁是普遍存在的，而且在许多情况下，磁还起着重要的作用。

## 7.4　地球磁现象

### 7.4.1　地球磁场的变化和应用

长期和世界范围内的对地球磁场的观测和研究表明，地球磁场是随时间和空间而变化的。因此许多地方都设立了不间断观测和记录地球磁场变化的地磁观测台或地磁观测站。

地磁场的这些变化不但提供了许多有关地球结构和活动的信息，而且还有许多重要的应用。例如，磁法探矿已成为地球物理探矿中一种重要和常用的方法。

地球磁场和相关地磁现象的观测研究的应用是很多的。除磁法探矿外，还有如指南针的磁定向和磁导航；由地磁场的突变（磁暴）预报太阳活动和空间天气预报；地球磁场的异常变化与地震和火山活动有关，因而可能作为预报地震和火山的一种因素。

### 7.4.2 地球磁场的反向

现代科学研究表明，地球磁场是随着地球的形成和演化而变化的。有的同现在的地球磁场方向相同，有的同现在的地球磁场方向相反。

### 7.4.3 地磁与大陆漂移及海底扩张

地球磁场在地球演化的漫长地质时期多次反向，并从各个大陆和海洋岩石的剩余磁性的变化得到证实。这样在地球演化和考古学上形成了古地磁断代方法。

从各个大陆和海洋岩石的剩余磁性的变化证实了地球演化过程中十分重要的大陆漂移和海（洋）底扩张学说，从而建立了现代新地球观。

根据现代对地球的许多新的研究结果，认识到地球在漫长的地质时期，各个大陆并不是固定的，而是有过漂移的。例如，在4500万～3500万年前，原来在南半球的印度大陆板块便曾经在海洋中向北半球漂移，同亚（洲）欧（洲）大陆相碰撞和挤压，使这两块大陆之间的海洋消失，而因碰撞形成隆起的喜马拉雅山脉。这样就在喜马拉雅山上留下碰撞前的海洋生物化石，有的至今还保留着。

什么是海底扩张？海底有座相当高耸的海洋“山脊”，形成了一道水下“山脉”，海洋底部的“山脊”也称断裂谷，断裂谷里不断地冒出岩浆，岩浆冷却后，在大洋底部造成了一条条蜿蜒起伏的新生海底山脉，这个过程称为海底扩张，而这些新生的海底山脉则称为海岭。由于断裂谷里添了新岩石，断裂谷两边的岩石就逐渐远离了洋脊中央。所以，距离“山脉”越远的岩石就越古老。根据现代对地球的研究结果，认识到地球在漫长的地质时期中，各个大洋海底中海岭口两侧岩石的剩余磁化强度都呈现对称的起伏分布。

这些观测和理论分析说明了什么？这表明由海岭口喷出的地球内部炽热的岩浆冷却时受到当时地球磁场的磁化后而留下保留下来的剩余磁化强度。随着海岭口内炽热岩浆的不断由喷出、冷却和磁化，原先喷出、冷却和磁化的岩石便被随后喷出、冷却和磁化的岩石推挤向海岭口的两侧。这一过程继续下去，便形成了现在所观测到的各大洋海底的海岭口两侧的岩石剩磁情况。

### 7.4.4 地球磁场的起源

关于地球磁场的来源，早期历史上曾有来自北极星的传说，但是到公元17世纪初就已经认识到地球本身就是一个巨大的磁体，不过当时仍不清楚地球磁场是怎样产生的。随着科学的发展，对地球磁场的来源先后提出了 10 多种学说：

（1）永磁体学说。

（2）内部电流学说。

（3）电荷旋转学说（1900 年）。

（4）压电效应学说（1929 年）。

（5）旋磁效应学说（1933 年）。

（6）温差电效应学说（1939 年）。

（7）发电机学说（1946～1947 年）。

（8）旋转体效应学说（1947 年）。

（9）磁力线扭结学说（1950 年）。

（10）霍尔效应学说（1954 年）。

（11）电磁感应学说（1956 年）。

关于地球磁场反向的学说，也有 9 种：

（1）非偶极型磁场变化学说（1964 年）。

（2）无规磁场起伏学说（1968 年）。

（3）地核流体对流对称性变化学说（1969 年）。

（4）地核流体对流区分布变化学说（1969 年）。

（5）地核三偶极型磁场学说（1969 年）。

（6）偶极型磁场变化学说（1971 年）。

（7）双偶极型磁场学说（1975 年）。

（8）银河星系旋臂干扰学说（1974 年）。

（9）地外天体撞击学说（1987 年）等。

前 7 种地球磁场反向学说来自地球内部，可称为内源说；后 2 种来自地球以外天体的干扰或撞击，可称为外源说。

## 7.5　宇宙磁现象

### 7.5.1　宇宙磁现象

宇宙磁现象是指地球以外的各种星体和星体之间的星际空间的磁现象。宇宙磁现象所涉及的空间范围和时间尺度都远超过地球。

因此，只能选取一部分宇宙磁现象进行介绍，如阿尔法（α）磁谱仪空间探测、太阳磁活动与太空气象学等。

### 7.5.2　α 磁谱仪空间探测

α 磁谱仪是人类送入宇宙空间的第一个大型磁谱仪。它利用强磁场和精密探测器来探测宇宙空间的反物质和暗物质，探索和研究宇宙演化学的一些重大和疑难问题，如寻找磁单极子等。

最早的阿尔发磁谱仪是1998年由“发现号”航天飞机载入太空，进行了约10天的试验性探测。在2003年将阿尔法磁谱仪送到国际空间站工作，进行较长时期对空间反物质和暗物质等的探测。

阿尔法磁谱仪的研制工作是由美籍华裔物理学家、1976年诺贝尔物理学奖获得者丁肇中教授提出并领导的一个大型的国际合作科学研究项目，由美国和中国等10多个国家和地区的37个科研机构参加科研工作。

反物质是指由质量相同但电荷符号相反的反电子（正电子）、反质子和反中子组成的反原子构成的物质，如反氦和反碳等。暗物质是指不能用光学方法探测到的物质。

这些物质（反物质和暗物质）在磁场中运动时会表现出不同的特点，因而可以用探测器探测出来。

### 7.5.3 磁场与空间气象学

现代人类已进入空间时代，空间环境对生物的影响已受到特别的关注，其中的太阳风等便同太阳系磁场有密切的关系。太阳风是太阳上的能量高的带电粒子从太阳表面喷射到太阳系空间甚至更远空间的过程。因为太阳风含有高能量带电粒子，这对于行星际中的空间飞行器以及生物体是有伤害的。因此对剧烈的太阳风的预报和预防是特别需要的。

如何预报剧烈的太阳风？因为太阳风是太阳的磁活动，如太阳黑子和太阳耀斑等产生的，这就需要预报太阳的剧烈磁活动；太阳的磁活动是可以从太阳光的观测得到的；光的传播速度是远高于高能带电粒子的运动速度，因此只要观测到太阳黑子和太阳耀斑活动的光信号，便可以预测和预报剧烈太阳风的时间；这样就可以对行星际空间将要发生的剧烈太阳风进行预测和预报了。

### 7.5.4 脉冲星与超强磁场

磁场既然是普遍存在的，那么宇宙中存在着多高的强磁场和多弱的弱磁场？它们又存在于何处？通过大量的天文观测和研究，现在认识到的最强磁场存在于脉冲星中。脉冲星又称中子星，是恒星演化到晚期的一类星体。根据天体演化过程，一般恒星演化到晚期时，由于原子核聚变产生高热能所需的核聚变物质已经用尽，热能剧减，恒星物质的引力便使星体收缩，体积变小，而恒星磁场便因恒星收缩和磁通密度变大而增强。这样，演化到晚期的恒星磁场便急剧大增。

例如，演化到晚期的白矮星的磁场剧增到$10^3 \sim 10^4$ T，而演化到晚期的脉冲星（中子星）的磁场更剧增到$10^8 \sim 10^9$ T，分别比太阳磁场增加千万到亿倍

（$10^7$～$10^8$ 倍）和万亿到 10 万亿倍（$10^{12}$～$10^{13}$倍）。

目前在宇宙中观测到的最弱的磁场是多少？是在什么地方观测到的？根据目前对各处宇宙磁场的观测，各种星体的磁场都高于星体之间的星际空间的磁场。例如，在太阳系中各行星之间的行星际磁场为 $1\times10^{-9}$～$5\times10^{-9}$ T，即约为地球磁场的十万分之一（$10^{-5}$）。在各个恒星之间的恒星际空间的恒星际磁场，常简称星际磁场，比行星际磁场更低，为 $5\times10^{-10}$～$10\times10^{-10}$ T，即约为行星际磁场十分之一，也就是约为地球磁场的百万分之一（$10^{-6}$）。

恒星际（空间）磁场是如何知道的？目前主要是应用恒星光的偏振观测和恒星射电（无线电波）的塞曼效应（无线电波在磁场中分裂而改变频率）观测及维持银河星系结构的稳定性理论计算等来测定或估算恒星际磁场。

从上面宇宙磁现象的介绍可以看出，宇宙磁现象是宇宙空间到处都存在的，而且许多宇宙磁现象还与科学研究和日常生活有着密切的关系，还有着远比我们在地球上接触到的磁场更强和更弱的磁场。

## 7.6　基本粒子磁现象

### 7.6.1　基本粒子磁现象

基本粒子是构成原子和原子核的更小和更深入一层的粒子。但因随着科学研究的深入和进展，原来看成是基本粒子的也由更深层次的粒子的发现而变为非基本粒子了。

这里为了避免一般的误解，把基本粒子与常用的材料粒子和颗粒等相混淆，仍采用“基本粒子”一词，只是要理解“基本”是随着历史和科学进步而改变的。从当代科学研究和应用看，基本粒子的磁性研究和应用也是很广泛的。

### 7.6.2　电子磁矩

电子是发现较早的一种基本粒子。各种化学元素便是根据该元素原子的原子核中的质子数目，也就是该元素原子在非电离的正常状态下的原子核外的电子数目决定的。原子中的电子磁性有由电子的自旋产生的自旋磁矩和电子环绕原子核做轨道运动产生的轨道磁矩。对于不处于原子中的自由电子说来，就只有自旋磁矩。

### 7.6.3　中子的磁性

在基本粒子的磁现象中，有一个受到关注的问题是，为什么中子没有电荷却有磁性，而且其磁性还得到重要的应用？在一般情况下，磁现象与电现象总是同时存在，而且互相影响的。例如，电荷运动形成的电流总要相伴地产生磁场，而磁场变化时又会由电磁感应产生电动势。

中子的磁性是怎样来的？从现代基本粒子结构的研究知道，中子并不是不可分的基本粒子，而是由 3 个更基本的夸克粒子（简称夸克）组成的。现在通过许多的实验和理论研究已经知道，共有 6 种夸克，称为上夸克、下夸克、奇异夸克、粲夸克、顶夸克和底夸克，每种夸克又都有其电荷和磁矩。

中子是由 1 个上夸克和 2 个下夸克组成的，而每种夸克各有其电荷和磁矩，这样使中子的总合电荷为 0，而总合磁矩却不为 0。

### 7.6.4 磁单极子

一般看来，磁的来源总是同电相关的，即由电的运动（电流）产生磁场，而且产生物质磁性的磁矩也是同自旋和电荷相联系的。这样磁矩的两个磁极（北极和南极）便是不能分开和分离存在的。这同物质的电性是很不相同的。因为电性中既有电矩（带有正电极和负电极）的存在，也有分开的正电荷和负电荷的存在。

这样就造成了磁和电的不对称，使描述电磁现象的麦克斯韦电磁方程组也显得不对称。但是获得 1933 年诺贝尔物理学奖的英国物理学家狄拉克在 1931 年提出了磁单极子理论。这位物理学家既在创建相对论性量子电动力学理论上有过重要贡献，而且还最先提出了反物质学说、磁单极子学说和基本物理常数随时间变化学说，其中反物质学说已在实验上得到证实，并成为阿尔法磁谱仪的重点研究对象。

而磁单极子学说自从 1931 年提出以来，到现在一直受到实验观测和理论研究的重视。这是因为磁单极子问题不仅涉及物质磁性的一种来源、电磁现象的对称性，而且还同宇宙极早期演化理论及微观粒子结构理论等有关，故成为科学界关注的一个重要问题。例如，在实验观测方面，曾利用多种高能加速器进行许多实验，但都未能产生出磁单极子。

曾对地球古代大陆岩石和海洋底岩石、从天外降落到地球上的各种陨石、从月球带回地球的月球岩石等进行观测，也未观测到磁单极子及其留下的特征径迹。曾利用高空气球和空间飞行器上的粒子探测器探测磁单极子，在很多次探测中仅观测到一次的粒子径迹，经多方面分析研究，认为很可能是磁单极子的径迹，但至今尚未得到重复证认。

还曾多次在地面实验室中利用高灵敏度和高磁屏蔽的超导量子干涉仪（SQUID）式磁强计进行磁单极子的探测，进行了长达 151 天的日夜不停的磁单极子探测，仅有一次观测结果经仔细分析研究，排除了多种干扰，认为是一次磁单极子事例，但是后来虽然经过多次重复探测，并且改进和增大了测量装置，提高了测量灵敏度，但是都未能再观测到磁单极子。总的说来，几十年来经过多方面和大量的关于磁单极子的实验观测，虽然曾有过两次可能是磁单极子的观测事例，但都尚未能得到重复的证实。

在磁单极子的理论研究方面，也曾提出过多种的学说，各有其特点和根据。例如，除狄拉克最早提出的磁单极子学说外，还有：磁荷和电荷完全对称并具有新的量子化条件的全对称磁单极子学说；由著名华裔物理学家、诺贝尔物理学奖获得者杨振宁教授等提出的采用纤维丛数学方法的量子力学磁单极子学说；应用统一规范场理论的规范磁单极子学说；应用爱因斯坦-麦克斯韦耦合场的相对论性耦合场磁单极子学说；应用超弦理论和四维规范模型的超重磁单极子学说；超对称和超弦磁单极子学说等。

总的看来，涉及磁学、电磁对称、宇宙早期演化和微观基本粒子结构等多方面的磁单极子问题是仍需要从实验观测和理论方面继续进行研究的科学问题。

通过以上对各种磁现象及其在各方面应用的介绍可以了解，物质的磁性和空间的磁场的磁现象不但是广泛存在的，而且磁在生产、科学研究、国防和生活等方面都有着广阔和重要的应用。从某种意义上讲，我们是生活在磁的世界里。因此，我们需要关心各种磁现象，并关心研究和应用各种磁现象的磁学及磁学的发展。

# 第 8 讲　超导电性基础及应用

## 8.1　超导体的发现历史

某些金属被冷却到极低温度时呈现出异乎寻常的电、磁综合特性。所谓极低温度是由荷兰物理学家昂内斯于 1908 年利用液氦所能达到的极低温度（氦的沸点约 4.2 K）。3 年后，即 1911 年他发现纯汞（Hg）的电阻在这样低的温度下，小到了无法测量的程度。在该温度区间，汞的电阻不是平稳地降低，而是急剧下降，当低于某个温度值时，汞便完全不显示电阻了，见图 8.1。

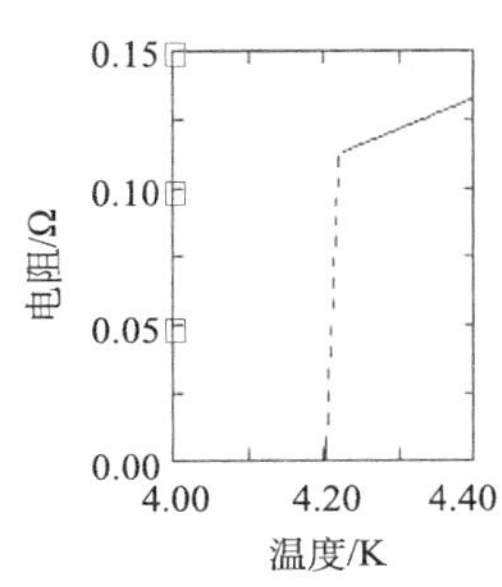

图 8.1　汞样品电阻与绝对温度的关系

昂内斯认识到，在 4.2 K 以下时 Hg 进入一种新的状态，这种新的状态称为“超导态”，相应的物质称为超导体。后来发现许多金属及其化合物都具有超导电性，超导体失去电阻的温度称为超导转变温度或临界温度，用 $T_c$ 表示。

自 1911 年昂内斯发现汞的超导电性以来，被发现的超导体总数已经超过 5000 种。超导体的发现经历了从简单到复杂，即由元素超导体到二元合金、以及多元系统的过程。1911～1932 年，以研究元素超导为主，除汞以外，又发现了 Pb、Sn、Nb 等众多的金属元素超导体。1932～1953 年，则发现了许多具有超导电性的合金，以及 NaCl 结构的过渡金属碳化物和氮化物，临界转变温度得到了进一步提高。1953～1973 年，发现了 $T_c$> 17 K 的 $Nb_3Sn$ 等超导体，其中，1973 年 $Nb_3Ge$ 的发现，使 $T_c$ 的最高纪录上升到 23.2 K。但在 1986 年以前，超导材料的 $T_c$ 都太低，故称为低温超导体，这些超导体一般需要在昂贵的液氦环境中工作。由于液氦制冷方法昂贵且不方便，故低温超导体的应用长期得不到大规模发展。

1986 年，瑞士科学家贝德诺尔茨（Bednorz）和米勒（Müller）制备出了 $T_c$ 为 35 K 的 La-Ba-Cu-O 高温氧化物超导体，从而引发了全球范围内研究高温超导材料的热潮。这两名研究员为此获得 1987 年诺贝尔物理学奖。

1987 年，美籍华裔科学家朱经武和中国科学家赵忠贤等相继发现 Y-Ba-Cu-O 氧化物超导体，把 $T_c$ 提高到 90 K 以上，液氮温区（77 K）被奇迹般地突破了。1988 年初，法国的米切尔（Michel）等发现了第三类高温超导体：Bi-Sr-Ca-Cu-O 氧化物超导体，$T_c$ 达到了 110 K。紧接着，美国阿肯色州立大学的盛正直和 Hermann 发现了 $T_c$= 125 K 的 Tl-Ba-Ca-Cu-O 氧化物超导体。此后，一直到 1993 年，Putilin 等又发现了 $T_c$= 135 K 的 Hg-Ba-Ca-Cu-O 氧化物超导体，至今它还保持着最高的超导临界转变温度。图 8.2 显示了三种 Bi 系高温超导体的晶体结构。

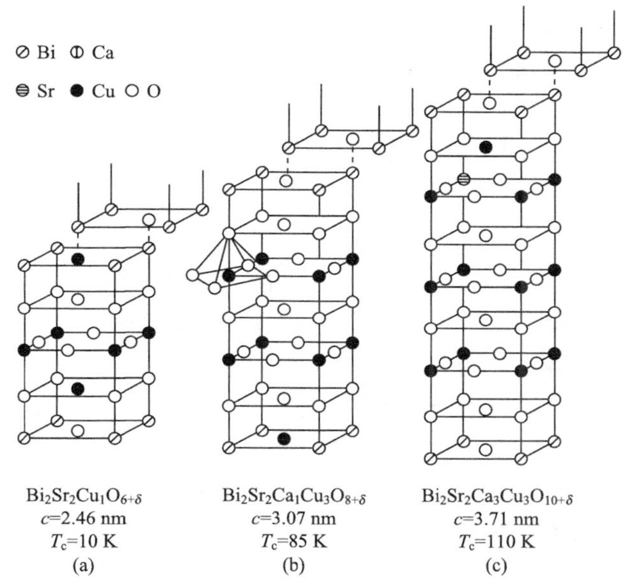


图 8.2　Bi 系高温超导体（Bi2201、Bi2212、Bi2223）的结构

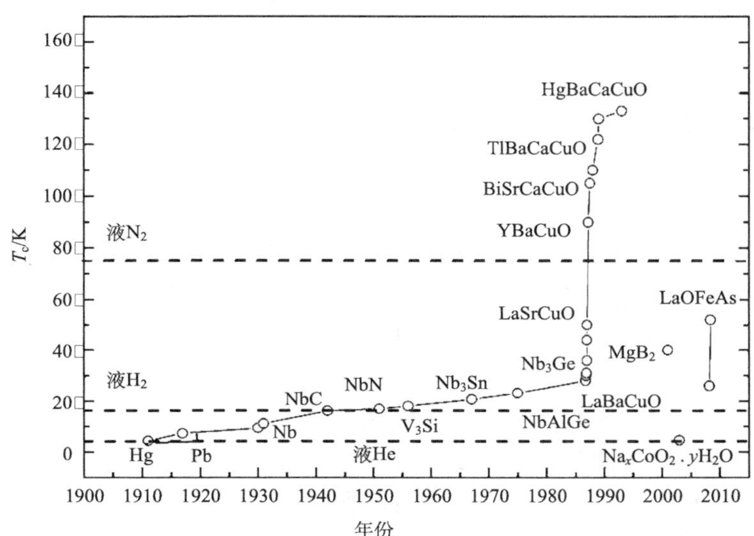


图 8.3　重要超导体的发现历史

值得注意的是，由于全世界研究者的努力，新的超导体不断被发现，2001年1月，日本Nagamatsu等发现金属间化合物超导体$MgB_2$，其超导临界转变温度$T_c$冲破了BCS理论极限30 K达到39 K；2001年日本Sasaki等发现超导体$Na_xCoO_2.yH_2O$，其$T_c$为4.5 K；2006年日本工业大学的Hosono等发现La-O-Fe-As铁基超导体，掺杂后其$T_c$可高达52 K，开辟了高温超导研究的新领域。超导体$T_c$提高的历史简图如图8.3所示。

## 8.2 超导体的电磁特性

### 8.2.1 零电阻和迈斯纳效应

在超导态下，电阻是真正变为零了呢，还是仅仅降低到了一个很小的值？当然，实验永远不能证明电阻确实为零，任何样品的电阻可能总是恰好小于仪器的灵敏度允许探测到的值。一般的测量方法是把电流通入超导体，再用灵敏伏特计连到引线的两端，测试其电压便能测得超导体的电阻，此即所谓的四引线测试法。更为灵敏的实验是，给超导环内通一电流，经过长时间观察测量后，看电流有没有衰减。设环的自感为$L$，若$t=0$时环中电流为$i(0)$，那么，在稍后的时间$t$，电流应衰减为$i(t)=i(0)e^{-(R/L)t}$，其中$R$为环的电阻。我们可以测量环行电流产生的磁场并观测它是否随时间衰减。测量磁场变化不必从电路中引出能量，从而我们应能用此方法测试环形电流是否能够无限地循环下去。根据超导闭合线圈中环行电流不衰减的事实，Gallop得出结论，超导金属的电阻率小于$10^{-26}\Omega\cdot m$（即小于室温下铜电阻率的$10^{-18}$倍），由此看来将超导体的电阻视为零是正确的。

超导材料除失去电阻这一特性外，还有另一个重要的特性是完全抗磁性。按照麦克斯韦方程$\nabla\times\boldsymbol{E}=-\partial\boldsymbol{B}/\partial t$，既然超导体内没有电阻，则可视为理想导体，因此$\nabla\times\boldsymbol{E}$为零，磁感应强度不随时间变化，即$\partial\boldsymbol{B}/\partial t=0$。超导体的磁感应强度应由初始条件决定，当一块金属处于超导态，然后施加磁场，其数值小于临界磁场$\boldsymbol{B}_c$，此时超导体内$\boldsymbol{B}=0$，没有磁感应线，如图8.4（b）所示。假如此超导体在高于$T_c$的温度时先处在磁场中，其体内有磁感应强度$\boldsymbol{B}=\boldsymbol{B}_0$，其值小于$\boldsymbol{B}_c$，然后让它冷却至$T_c$以下的温度，此金属变为超导态。按上述理论，超导体内将保持原有的磁感应强度，如图8.4（a）所示。事实上，1933年，迈斯纳和奥森菲尔德做了实验，在弱磁场中把金属冷却变成超导态时，超导体内的磁感应线完全被排斥出来，保持体内磁感应强度为零，如图8.4（c）所示。

总之，实验表明，不论在进入超导态之前金属体内有没有磁感应线，当它进入超导态后，只要外磁场$|\boldsymbol{B}_0|$小于临界磁场$\boldsymbol{B}_c$，超导体内磁感应强度总是等于

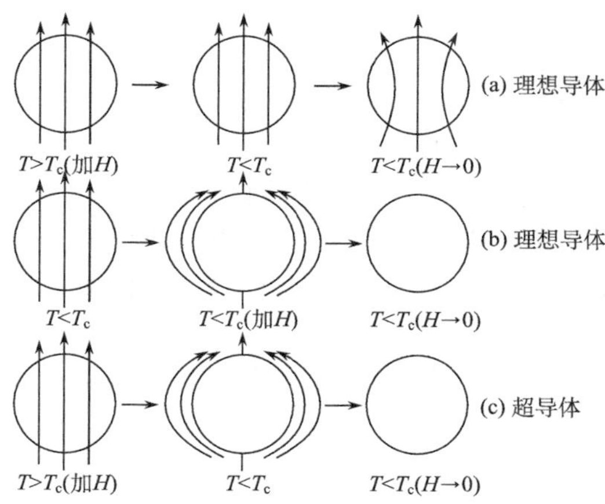


图 8.4　超导体具有完全抗磁性

零，即 $\boldsymbol{B}=\boldsymbol{B}_0+\mu_0\boldsymbol{M}=0$。由此求得金属在超导电状态的磁化率为 $\chi=\mu_0\boldsymbol{M}/\boldsymbol{B}_0=-1$，是负值。以上 $\boldsymbol{B}_0$ 是外加磁场 $\boldsymbol{H}$ 在真空中的磁感应强度。所以说，超导体是一个“完全抗磁体”，超导体的完全抗磁性称为迈斯纳效应。此效应的意义在于否定了把超导体简单地看作理想导体的设想，还指明了超导态是一个热力学平衡的状态，同怎样进入超导态的途径无关。

### 8.2.2　关于超导态现象的两种唯象解释

1. 二流体模型

二流体模型是 1934 年为了解释超导体的热力学特性提出来的。该模型认为超导体内的传导电子可分成两类：正常的传导电子和超导电子（或超流电子）。正常传导电子就是普遍意义下的自由电子，超导电子则是特殊状态下的电子，超导电子处在一种“凝聚”状态，所谓“凝聚”是指它们聚集在一个能量最低状态，其特点是不发生散射。该模型认为：两类电子占据同一体积，互相渗透，彼此独立地运动，超导电子浓度关系的经验定律为

$$n_s=n[1-(T/T_c)^4]$$

其中，$n$ 是正常电子和超导电子的总浓度。当 $T=0$ K 时，所有电子都变成超导电子。当 $T=T_c$ 时，所有电子都变成正常电子。可把 $n_s/n$ 作为有序化程度的一个量度，称之为有序参量或有序度。

二流体模型可以说明零电阻特性。当 $T<T_c$ 时超导电子出现，由于它们不被散射，因而具有无限大的电导率；金属内不能存在电场，正常电子不负载电流，从而导致整个样品显示无限大的电导率。

2. 伦敦方程

在二流体模型基础上，1955 年伦敦兄弟提出了两个描述超导电流和电磁场关系的方程，成功地解释了零电阻现象和迈斯纳效应，并预言了一些新结果。伦敦方程包括两组方程式：伦敦第一方程说明了超导体的零电阻性；伦敦第二方程证明当存在磁场时，在超导体内部磁场从表面很快地下降，说明仅在超导体表面附近约 $10^{-6}$ cm 的薄层内才有不为零的磁场。超导体内的磁场实际是零，因此说明了迈斯纳效应。

因此，伦敦理论不仅解释了迈斯纳效应和零电阻特性，而且预言了磁场的屏蔽需要一个有限的厚度，磁场穿透的深度应为 $10^{-6}$cm 的数量级。

超导体按其磁化特性可分为两类：第一类超导体只有一个临界磁场 $H_c$，其磁化曲线如图 8.5 所示。第二类超导体有两个临界磁场，上临界磁场 $H_{c2}$ 和下临界磁场 $H_{c1}$，当外磁场 $H$ 小于 $H_{c1}$ 时，同第一类一样，第二类超导体处于迈斯纳状态（完全抗磁性），体内没有磁感应线穿过。当外磁场 $H$ 介于 $H_{c1}$ 和 $H_{c2}$ 之间时，第二类超导体处于混合态，这时体内有磁感应线穿过，形成许多半径很小的圆柱形正常区。正常区周围是连通的超导区，整个样品的周围仍有抗磁电流。这样第二类超导体处在混合态，既具有抗磁性（但 $B \neq 0$）又仍然没有电阻，高温超导体 $YBa_2Cu_3O_{7-\delta}$ 就属于第二类超导材料。

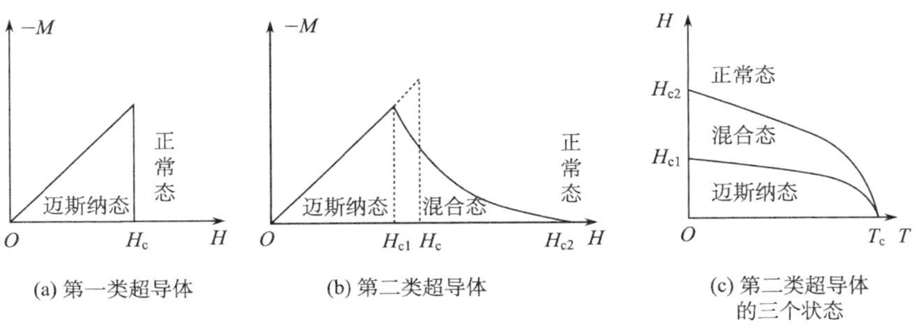


图 8.5　两类超导体

## 8.3　超导的微观理论解释

随着超导研究的发展，对超导电性的理论解释也在不断完善，早期发展的唯象理论包括伦敦方程，以及由金兹伯格和朗道提出的 G-L 理论；真正对低温超导做出全面解释的是巴丁、库珀和施里佛发展的 BCS 理论（图 8.6）。

1957 年巴丁、库珀和施里佛建立了一个全面、系统的超导电性微观量子理

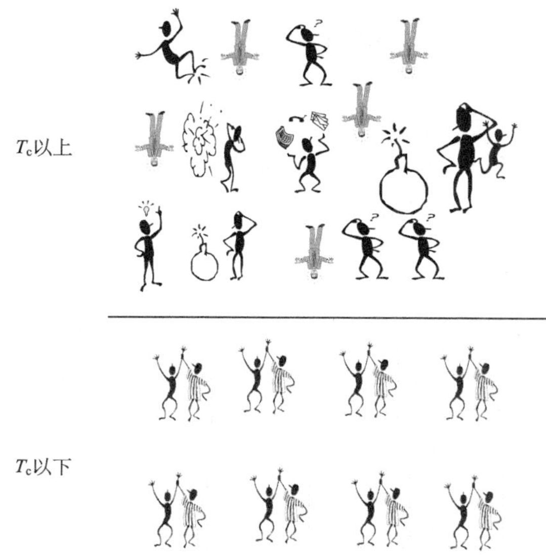


图 8.6　BCS 理论中的电子库珀凝聚

论，即 BCS 理论。该理论成功地解释了超导体的各种可观察效应，为此三人获得 1972 年诺贝尔物理学奖。

基于 BCS 理论图像，对于理解超导性质很有用的一个比喻如下：假设有一个巨大的舞厅，其中摩肩接踵地挤满了跳舞者。假设每一位跳舞者都在精力充沛地跳他自己的舞，那么这些跳舞者不仅会相互碰撞而且还会碰到舞场的设施。此时如果对整个人群施加一个向一边去的力，这一集体运动显然是无规则、无秩序的，因而大量的能量会在碰撞中消耗掉，这代表正常金属中电子彼此互相碰撞并与不规则的晶格和杂质发生碰撞的情况。如果加上一个电场引起电流，这些碰撞将消耗能量并产生电阻。现在假设跳舞者都是成对的，每对在一起跳。这代表库珀对，但配合成对的作用力很弱，以致配对的两成员之间有一个距离，这一距离的平均值恰好是相干波长。由于两个不在同一对中的电子之间的平均距离比此要小百倍，所以，构成每一对的舞伴并非面对面的跳，而是隔离着一百对舞伴。因此，如果每一对要一起跳舞，则很显然所有的人必须一起共舞。结果形成单一相干的运动，整个舞厅变得很有秩序。超导态中电子的集体漂移就近似如此。

BCS 理论对于传统的超导体解释是很成功的，但对于高温超导体中出现的一些特性，如 d 波对称性、预配对后凝聚等，BCS 理论就无能为力了。尽管已经对高温超导机制提出了多种理论模型，如共振价键模型、自旋口袋模型等，但目前尚未有一个能够解释高温超导体全部特性的理论。

## 8.4 超导电性的主要应用

超导电性的应用非常广泛，应用前景非常诱人，所带来的经济价值也是惊人的。到2010年，世界超导市场总估价超过百亿美元。超导的应用大致分为三类：强电应用（大电流应用）、弱电应用（电子技术应用）以及抗磁性应用。

### 8.4.1 强电应用

超导体的零电阻特性使其可承载大电流，而且无热损耗，并在其周围产生强磁场。在超导现象发现后，人们首先想到的就是超导体的强电应用，可以在电力工业上有非常广泛的应用，如超导电机、超导变压器、超导储能以及超导输电等。其中超导输电和超导储能更为瞩目。

由于传统的电力输送过程中，送电、变电、配电的每一步都有电阻存在，大量的电力在输送过程中被白白浪费了，而且为了在远距离送电时克服电阻还要用非常高的电压。而通过超导电缆来输电具有损耗低、容量大、无污染等明显优势，是解决大容量低损耗输电的重要途径。1998年我国第一根1 m/1 kA高温超导电缆研制成功。2004年7月10日，由国产超导线材制造的我国第一组超导电缆在昆明正式并网运行，这标志着继美国、丹麦之后，我国成为世界上第三个将超导电缆投入电网运行的国家。

超导储能是利用超导闭合线圈作为储能器，在线圈中通以电流将电磁能储存起来，在需要的时候作电网峰值负载补偿或发生故障时供电。超导储能装置能长期无损耗地储存能量，转换效率高达95%。

### 8.4.2 弱电应用

超导技术另一方面的重要应用就是利用超导隧道效应原理的约瑟夫森器件（约瑟夫森结）制作超导计算机和各种灵敏的探测器。

1962年，英国物理学家约瑟夫森提出了超导隧道效应原理：当通过约瑟夫森结（超导体-绝缘体-超导体）的电流低于临界电流时，结两端不出现电压降；当电流高于临界电流时，结两端产生几毫伏的电压降，通过控制电流可使结在两种状态之间转换。

利用约瑟夫森结可制成逻辑电路，由此制作的超导计算机同普通计算机相比有许多优点：首先是其运算速度快，超导开关的速度已达几皮秒（$10^{-12}$ s），这样使超导计算机的运算速度比现在已有的计算机提高1～2个数量级；再者，超导计算机的功耗低。普通计算机大多采用半导体技术，要进一步提高其运算速度，会造成芯片发热，这些热量不仅会影响半导体材料的性能甚至会损坏内部元件，普通计算机运算速度的提高受到了散热的障碍。超导计算机中电流通过超导元件时不发热，也不损耗，超导集成电路的功耗仅是普通硅集成电路的几百分之一，所以超导计算机是很有发展潜力的新一代高速、低耗、高性能计算机。日本 ETL 研究所已于 1991 年研制成世界上第一台超导计算机。

利用约瑟夫森结可制成精密的超导磁强计，它能分辨 $10^{-15}$～$10^{-14}$ T 的磁场，可以测量极弱的磁场及磁场微小的变化，测量精度比其他仪器高 3～4 个数量级。超导磁强计已经成功地应用于军事学、地质勘探、海洋资源探测、地震预报等领域。

### 8.4.3　抗磁性应用

利用超导材料的抗磁性，将超导体置于一块永磁体上方，由于磁体的磁力线被超导体排斥在外，磁体和超导体之间产生排斥力，而使超导体悬于磁体上方，利用这个原理可制作超导悬浮列车。由于是在无摩擦的状态下，超导悬浮列车具有阻力小、速度快、平稳、舒服，且无噪声、无废气污染的特点，是一种非常理想的列车。1972 年日本首次成功地进行了 2.2 t 的超导磁悬浮列车实验。日本在山梨县建成了 18.4 km 的超导磁悬浮列车试验线，1999 年 4 月超导磁悬浮列车在试验线上创造了时速 552 km 的世界纪录。2000 年 12 月 31 日西南交通大学研制成功世界上第一辆载人“高温超导磁悬浮实验车”，标志着我国在高温超导磁悬浮科学研究与实验技术领域已达到世界领先水平。

此外超导材料的抗磁性还应用于超导重力仪，超导重力仪可非常灵敏地确定重力加速度的变化。其工作原理是利用持续电流方式运行的超导线圈所产生的磁场，把特制的超导球悬浮起来，由测定球体的垂直位置的变化，来确定重力的变化。

## 8.5　结　束　语

超导物理是一门正在迅速发展着的学科，作为一门前沿学科，它不仅带动着凝聚态物理学各学科的发展，而且强烈地冲击着整个物理学。相信 21 世纪的超导工业将有一个较大规模的国际市场，而超导技术也将得到更快的发展。

# 第9讲　量子力学与量子信息学

## 9.1　引　　言

物理学是研究物质结构、物质的相互作用和运动规律的自然科学，是一门以实验为基础的科学。物理在经典时代是由与它极相像的自然哲学的研究组成的，直到19世纪物理才从哲学中分离出来成为一门实证科学。物理学与其他许多自然科学息息相关，化学与某些物理学领域的关系深远（如量子力学、热力学和电磁学），而数学是物理的基本工具，地理学或地质学也要用到物理的力学和热学。

牛顿力学体系的建立，标志着经典物理学的诞生。在19世纪末，以经典力学、热力学和统计物理学、经典电磁场理论为支柱，使经典物理学的发展达到了它的顶峰。在物理学的经典理论取得重大成就的同时，人们发现了一些新的物理现象，如黑体辐射、光电效应、原子的光谱线系以及固体在低温下的比热等，都是经典物理理论所无法解释的。这些现象揭示了经典物理学的局限性，突出了经典物理学与微观世界规律性的矛盾，从而为发现微观世界的规律打下基础并促进了量子理论的建立。

量子力学是反映微观粒子（分子、原子、原子核、基本粒子等）运动规律的理论，它是20世纪20年代在总结大量实验事实和旧量子理论的基础上建立起来的。随着量子力学的出现，人们对物质微观结构的认识日益深入，从而能较深刻地掌握物质的物理和化学性能及其变化规律。量子信息学是把量子力学的基本原理应用到信息科学领域而形成的新兴交叉学科，它用微观体系的量子状态来描述信息，从而使信息科学进入了人为调控、存储和传输量子状态的崭新阶段。量子信息学包括量子密码术、量子通信、量子计算机等几个方面。近20年来，量子信息学快速发展，并显示出十分广阔的应用前景，有力地推动了信息技术的变革和信息产业的更新换代。当前，量子信息领域的研究工作在国际上还处在起步阶段，我国在这一方面的研究工作与国际同步，并且在某些方面居于国际领先地位。

## 9.2　光的波粒二象性

光的波动性早在17世纪就已经被发现，光的衍射和干涉现象以及光的电磁理论从实验和理论两方面充分肯定了光的波动性。

光在传播路径中遇到障碍物（或者狭缝），绕过障碍物产生偏离直线传播的现象称为光的衍射。衍射时产生的明暗条纹或光环，称为衍射图样。单缝衍射图样的特点是：中央为较宽亮条纹，两侧有明暗相间的条纹，但间距和亮度不同，照射光的波长越长，中央亮纹越宽。白光衍射时，中央仍为白光，最靠近中央的是紫光，最远离中央的是红光，即中央白光的边缘呈红色。

光照射到一个半径很小的圆板后，在圆板的阴影中心出现的亮斑是光具有波动性的有力证据之一。为了推翻光的波动说，泊松用很严谨的数学方法计算，得出的结论是“假如光是一种波，那么光在照到一个尺寸适当的圆盘时，其后面的阴影中心会出现一个亮斑”。然而物理学家菲涅耳的实验证实在阴影的中心确实是有一个亮斑，这又一次证明了光的波动性。由于圆盘衍射中的那个亮斑是由泊松最早证明计算出来的，所以称为“泊松亮斑”。

单色光经过双缝后，在屏上产生了明暗相间的干涉条纹。当屏上某处与两个狭缝的光程差是波长的整数倍时，则两列波的波峰与波峰叠加，波谷与波谷叠加，形成亮条纹。当屏上某处与两个狭缝的光程差是半个波长的奇数倍时，光波的振幅互相抵消，出现暗条纹。通常当只打开一条狭缝的时候，探测屏会显示出单狭缝衍射图案，一条处于中央，比较明亮的条纹，旁边衬托着几条越来越黯淡的条纹。当打开两条狭缝的时候，探测屏上会显示出更明亮的干涉图案，每一条原本条纹都会进一步分裂成几个较细条纹。1803 年，托马斯·杨发表了一篇论文“Experiments and Calculations Relative to Physical Optics”，详细阐述了这些实验结果。

麦克斯韦全面地总结了电磁学研究的全部成果，并在此基础上提出了“感生电场”和“位移电流”的假说，建立了完整的电磁场理论体系，不仅预言了电磁波的存在，而且揭示了光、电、磁现象的内在联系及统一性。麦克斯韦方程组是麦克斯韦建立的描述电场与磁场的四个方程。在麦克斯韦方程组中，电场和磁场已经成为一个不可分割的整体，该方程组系统而完整地概括了电磁场的基本规律。

但是，19 世纪末，黑体辐射能量分布规律和光电效应等现象的发现，揭示了把光看作波动的局限性。

任何物体都具有不断辐射、吸收、发射电磁波的特性。辐射出去的电磁波在各个波段是不同的，也就是具有一定的频率谱分布。这种谱分布与物体本身的特性及其温度有关，因而被称为热辐射。为了研究不依赖于物质具体物性的热辐射规律，物理学家们定义了一种理想物体——黑体（black body），以此作为热辐射研究的标准物体。如果一个物体能够全部吸收投射在它上面的辐射而无反射，这种物体就称为绝对黑体，简称黑体。最初对于黑体辐射的研究是基于经典热力学基础之上的。美国人兰利发明的热辐射计是一个非常好的测量工具，配合其他器件（罗兰凹面光栅），可以得到相当精确的热辐射能量分布曲线。实验得出了平衡时辐射能量密度按波长分布的曲线，其形状与位置只与黑体的绝对温度有关，而与其形状及组成的物质无关。

德国科学家维恩基于分子运动的假设推导出黑体辐射能量分布公式

$$\rho = b\lambda\, e^{\frac{-a}{\lambda T}} \tag{9.1}$$

式中，$\lambda$ 是波长，$T$ 是温度，$a$ 和 $b$ 是常数，这个公式称为维恩公式。实验表明，当把黑体加热到 1000 多开的高温时，测到的短波长范围内的曲线和维恩公式符合得很好，但在长波方面实验和理论不能符合。英国物理学家瑞利从经典麦克斯韦理论出发得到了另外一个公式，后来物理学家金斯计算出公式中的常数，最后他们得到的公式形式如下：

$$\rho = \frac{8\pi h\nu}{c^3} kT \tag{9.2}$$

这就是瑞利-金斯（Rayleigh-Jeans）公式。然而这个公式也无法给出正确的黑体辐射分布，其在短波方面与实验结果有偏差。德国物理学家普朗克利用数学方法协调这两个公式，使维恩公式的影响在长波的范围里尽量消失，而在短波的范围独自发挥作用。最终，他找到了著名的普朗克黑体辐射公式

$$\rho = \frac{c_1}{\lambda^5 e^{\frac{c_2}{\lambda T}}} \tag{9.3}$$

式中，$c_1$ 和 $c_2$ 是两个常数。这个公式与实验结果符合得很好。经过一段思考，普朗克得出结论，如果要使得新的方程成立，必须做一个假定：能量在发射和吸收的时候，不是连续不断的，而是分成一份一份的。这个基本单位，普朗克把它称为“能量子”，后来又称为“量子”，英语为“quantum”。这个最小单位等于一个常数乘以特定辐射的频率，即

$$E = h\nu \tag{9.4}$$

式中，$E$ 是单个量子的能量，$\nu$ 是频率，$h = 6.626 \times 10^{-34}\ \mathrm{J \cdot s}$，称为普朗克常量。普朗克的理论开始突破了经典物理学在微观领域内的束缚，打开了认识光的微粒性的途径。

光电效应是指金属表面在光辐照作用下发射电子的现象，发射出来的电子称为光电子。光电效应是赫兹在 1887 年首先发现的。大量的实验总结出光电效应具有以下实验规律：①每一种金属在产生光电效应时都存在一个极限频率，当入射光的频率低于极限频率时，无论多强的光都无光电子逸出；②光电效应中产生的光电子的速度与光的频率有关，而与光强无关；③光电效应的瞬时性，实验发现，只要光的频率高于金属的极限频率，光的亮度无论强弱，光子的产生都几乎是瞬时的，响应时间不超过 $10^{-9}$ s（1 ns）；④入射光的强度只影响光电流的强

弱，即只影响在单位时间内由单位面积逸出的光电子数目。在光电效应中，要释放光电子显然需要有足够的能量。根据经典电磁理论，光是电磁波，电磁波的能量取决于它的强度，即只与电磁波的振幅有关，而与电磁波的频率无关。而实验规律中的①、②显然用经典理论无法解释。③也不能解释，因为根据经典理论，对很弱的光要想使电子获得足够的能量逸出，必须有一个能量积累的过程而不可能瞬时产生光电子。所有这些实际上已经暴露出了经典理论的缺陷，要想解释光电效应必须突破经典理论。

第一个完全肯定光除了有波动性之外还有微粒性的是爱因斯坦。他认为电磁辐射不仅在发射和吸收时以能量为 $h\nu$ 的微粒形式出现，而且按这种形式以速度 $c$ 在空间运动，这种粒子称为光量子或光子。用这个观点，爱因斯坦成功地解释了光电效应。当光射到金属表面上时，能量为 $h\nu$ 的光子被电子吸收。电子把这能量的一部分用来克服金属表面对它的吸引力，另一部分就是电子离开金属表面后的动能。这个能量关系可以写为

$$\frac{1}{2}\mu v_{\mathrm{m}}^2 = h\nu - W_0 \tag{9.5}$$

式中，$\mu$ 是电子质量，$v_{\mathrm{m}}$ 是电子脱出金属表面后的速度，$W_0$ 是电子脱出金属表面所需要做的功，称为逸出功。如果电子所吸收的光子的能量 $h\nu$ 小于逸出功，则电子不能脱出金属表面，因而没有光电子产生。光的频率决定了光子的能量，光的强度只决定光子的数目。这样，经典理论所不能解释的光电效应就得到了说明。光子不但具有确定的能量，而且具有动量。根据相对论理论光子的能量和动量可以表示为

$$E = h\nu, \quad \boldsymbol{p} = \hbar\boldsymbol{k} \tag{9.6}$$

式中，$\hbar = h/2\pi$，$\boldsymbol{k}$ 是波矢。

普朗克常量 $h$ 在微观现象中占有重要的地位，能量和动量的量子化通过这个不为零的常量表示出来。在宏观现象中，$h$ 和其他物理量相比较可以略去，因而辐射的能量可以连续的变化。因此，凡是 $h$ 在其中起重要作用的现象都可以称为量子现象。普朗克和爱因斯坦的理论揭示出光的微粒性，但这并不否定光的波动性，因为光的波动理论早已被干涉、衍射等现象证实。这样，光就具有微粒和波动的双重性质，这种性质称为波粒二象性。

## 9.3　微观粒子的波粒二象性和量子力学的建立

1906 年英国科学家卢瑟福做了著名的 $\alpha$ 粒子散射实验，即让一束平行的 $\alpha$ 粒子穿过极薄的金箔时，他发现穿过金箔的 $\alpha$ 粒子，有一部分改变了原来的直线射程，而发生不同程度的偏转（说明受到斥力），还有少数 $\alpha$ 粒子（大约一万个

中有一个)，好像遇到某种坚实的不能穿透的东西而被折回（α粒子是一种放射性粒子，由两个质子及两个中子组成，并不带任何电子，亦即等同于氦-4的内核，$He^{2+}$。通常具有放射性而原子量较大的化学元素，会透过α衰变放射出α粒子，从而变成较轻的元素，直至该元素稳定为止。由于α粒子的体积比较大，又带两个正电荷，很容易就可以电离其他物质)。卢瑟福的设想是α粒子遇到了原子中具有相当质量并带有正电荷的部分，而这个带正电荷的部分在原子中所占的体积应该很小。因此，卢瑟福提出：原子内部存在着一个质量大、体积小、带正电荷的部分——原子核。

经典理论在原子结构问题上也遇到不可克服的困难。首先经典理论不能建立一个稳定的原子模型。根据经典电动力学，电子环绕原子核的运动是加速的，因而不断地以辐射的方式发射出能量，电子最终将落到原子核中去。此外，加速运动的电子所产生的辐射，其频率应当是连续分布的，这与原子光谱是分立的谱线不符。

1913年，玻尔在卢瑟福原子模型的基础上加上普朗克的量子概念，提出了原子结构理论，其主要观点是：①原子核外的电子只能在某些规定的轨道上绕转，此时并不发光；②电子从高能量的轨道跳到低能量的轨道时，原子发光，电子由能量为$E_m$的定态跃迁到能量为$E_n$的定态时，所吸收和发射的辐射频率$\nu$满足关系

$$\nu = \frac{|E_n - E_m|}{h} \tag{9.7}$$

玻尔理论解释了氢原子光谱不连续的特点，但也存在很大的困难。这个理论应用于简单程度仅次于氢原子的氦原子时，结果与实验不符。玻尔理论的缺陷，主要是把微观粒子看成是经典力学中的质点。直到1924年德布罗意揭示出微观粒子具有不同于宏观粒子的波粒二象性后，一个较完整的描述微观粒子运动规律的理论才逐步建立起来。

玻尔理论所遇到的困难说明探索微观粒子运动规律的迫切性。1924年，德布罗意在光有波粒二象性的启示下，提出微观粒子也具有波粒二象性的假说。他认为19世纪在对光的研究上，重视了光的波动性而忽略了光的微粒性。但在对实体的研究上，则可能发生了相反的情况，即过分重视实体的粒子性而忽略了实体的波动性。德布罗意把粒子和波通过下面的关系联系起来：粒子的能量$E$和动量$\boldsymbol{p}$与波的频率$\nu$和波长$\lambda$之间的关系，正像光子和光波的关系一样

$$E = h\nu, \quad \boldsymbol{p} = \hbar\boldsymbol{k} \tag{9.8}$$

这个公式称为德布罗意公式。如果电子被电势差$U$加速，则根据式（9.8）有电子的德布罗意波长为$\lambda=\frac{12.25}{\sqrt{U}}$ Å（1 Å$=10^{-10}$ m)。由此可知，用150 V的电势

差加速电子，德布罗意波长为 1 Å，当 $U=10\ 000$ V 时，波长为 0.122 Å。电子的德布罗意波长相当于或略小于晶体中的原子间距，它比宏观线度小得多，这也说明为什么电子的波动性长期没有被发现。

1927 年，德布罗意假说的正确性被戴维孙(Davisson)和革末(Germer)所做的电子衍射实验所证实。戴维孙与革末将低速电子入射于一个镍晶体标靶。他们仔细地测量散射到每个角度的电子强度，发现电子束的强度随着散射角度的变化而改变，当散射角度取某些特定值时，强度有最大值。这个现象与 X 射线的衍射图案相同，充分说明电子具有波动性。戴维孙-革末实验证实了德布罗意假说的正确性。

由于微观粒子具有波粒二象性，其所遵循的运动规律就不同于宏观物体的运动规律。描述微观粒子运动规律的量子力学也就不同于描述宏观物体运动规律的经典力学。1925 年，海森伯基于物理理论只处理可观测量的认识，抛弃了不可观测的轨道概念，并从可观测的辐射频率及其强度出发，和玻恩、约尔丹一起建立起矩阵力学；1926 年，薛定谔基于量子性是微观体系波动性的反映这一认识，找到了微观体系的运动方程，从而建立起波动力学，其后不久还证明了波动力学和矩阵力学的数学等价性。

量子力学与经典力学的差别首先表现在对粒子的状态和力学量的描述及其变化规律上。在量子力学中，粒子的状态用波函数描述，它是坐标和时间的复函数。为了描写微观粒子状态随时间变化的规律，就需要找出波函数所满足的运动方程。这个方程是薛定谔在 1926 年首先找到的，称为薛定谔方程。1930 年，狄拉克出版了他的著作《量子力学原理》(*Principles of Quantum Mechanics*)，这是整个科学史上的一个里程碑之作。在这本书中，狄拉克将量子力学的最重要的基础严谨地公式化。

量子力学所引入的五个基本假定表述如下：

(1) 微观体系的状态被一个波函数完全描述，由这个波函数可得出体系的所有性质。

(2) 力学量用厄米算符表示。如果经典力学中有相应的力学量，则在量子力学中表示这个力学量的算符，由经典表示式中将动量 $\boldsymbol{p}$ 换为 $-i\hbar\nabla$ 得出（$\nabla$ 为梯度算子），表示力学量的算符有组成完全系的本征函数。

(3) 将体系的状态波函数 $\Psi$ 用算符 $\hat{F}$ 的本征函数 $\Phi$ 展开

$$\Psi = \sum_n c_n \Phi_n + \int c_\lambda \Phi_\lambda \mathrm{d}\lambda \tag{9.9}$$

则在 $\Psi$ 态中测量力学量 $F$ 得到的结果是 $\lambda_n$ 的概率密度 $|c_n|^2$，得到的结果在 $\lambda \to \lambda + \mathrm{d}\lambda$ 范围内的概率是 $|c_\lambda|^2 \mathrm{d}\lambda$。

(4) 体系的状态波函数满足薛定谔方程

$$\mathrm{i}\hbar \frac{\partial \psi}{\partial t} = \hat{H}\psi \tag{9.10}$$

式中，$\hat{H}$ 是体系的哈密顿算符。

(5) 在全同粒子组成的体系中，两个全同粒子相互调换不改变体系状态。

## 9.4　量子信息学

量子力学的提出和建立是20世纪人类在科学发展过程中取得的最伟大的成就之一，它揭示了微观粒子的基本运动规律，使人类对物质本质的认识不断深入。在量子力学建立之初，人们就对其基本原理的诠释和基本概念的理解存在着激烈的争论。争论的核心就涉及“纠缠态”(entangled state) 及其展现出的非局域关联性质。直到1982年，Aspect等通过测量纠缠光子对的极化关联才第一次从实验上证实了量子力学理论的正确性。随着量子信息科学的兴起，人们逐渐把量子纠缠(quantum entanglement)看作一种新的物理资源并且通过它以全新的途径来解决信息处理问题。例如，在量子密钥分配、量子稠密编码、量子隐形传态、时钟同步、量子纠错和量子容错以及量子计算等问题中量子纠缠作为基本的物理资源起着至关重要的作用。

量子纠缠是存在于复合量子系统中的量子力学所特有的现象，即对一个子系统的测量结果无法独立于对其他子系统的测量参数。量子纠缠可以通过相互作用产生，但相互作用不是必需的。纠缠产生之后，即使子系统之间已经没有相互作用并且分开很远之后，对其中一个子系统的测量也将影响到其他子系统的状态，这就是量子纠缠的非局域性。例如，两个电子的自旋单态

$$|\varphi\rangle_{12} = \frac{1}{\sqrt{2}}(|\uparrow\rangle_1|\downarrow\rangle_2 - |\downarrow\rangle_1|\uparrow\rangle_2) \tag{9.11}$$

是一个纠缠态，其中↑表示自旋朝上，↓表示自旋朝下。当测到第一个电子处在↑态时，第二个电子一定处在↓态上，反之，有类似的结果。这个现象体现了纠缠态的非局域关联的特性。

量子信息是用量子态编码的信息，量子态具有经典物理态没有的特殊性质(量子纠缠及其展现出的非局域关联性质)，这就使量子信息具有与经典信息不同的新特点。随着量子信息科学的发展，人们逐步认识到量子纠缠是量子信息处理的一种关键资源。下面介绍量子纠缠在量子信息处理中的一些应用。

经典密钥系统中只有一次性便签 (one-time pad) 被证明是绝对安全的，但是双方所采用的密码本只允许使用一次且密码的长度与被加密的原文一样长。在这个方案中，密码本的安全传输是通信安全性的前提。量子密钥分配 (quantum key distribution）是一种可以证明的安全协议，通过这个协议可以在发送者（Alice）和接受者（Bob）之间生成一个只有他们知道的私人密钥。

Bennett 和 Brassard 于 1984 年提出了第一个量子密钥方案，即 BB84 协议。这个方案的基本步骤是：①Alice 给 Bob 发送一串光子，每个光子随机地处在 $|0\rangle$（水平极化）、$|1\rangle$（垂直极化）、$(|0\rangle+|1\rangle)/\sqrt{2}$（45°极化）和 $(|0\rangle-|1\rangle)/\sqrt{2}$（135°极化）四个状态之一；②Bob 接收光子并随机地使用直角基或对角基进行测量；③Bob 经由经典通道告诉 Alice 他所选用的基；④Alice 告诉 Bob 哪些基的选择是正确的，Bob 舍去所有错误测量的光子；⑤Alice 和 Bob 选取一个子串进行公开比较，如果错误率超过一定的数量，则中止协议，如果错误率在可接受的范围，则继续下一步的操作；⑥Alice 和 Bob 在剩下的光子串上进行信息调和和安全增强以获得共享的密钥。这个方案的安全性是基于量子不可克隆定理（quantum no-clone theorem），它的一种表述是：获取编码在非正交态上的信息而不破坏这些量子态是不可能的。因此如果窃听者测量 Alice 发送的光子串，就一定会引入错误，从而被通信双方发现。

Ekert 在 1991 年提出了一个基于量子纠缠的量子密钥分配方案，即 E91 协议，其方案的基本步骤是：① Alice 和 Bob 共享一批处于最大纠缠的单态 $|\varphi^-\rangle_{AB}=(|01\rangle_{AB}-|10\rangle_{AB})/\sqrt{2}$；②Alice 和 Bob 随机地对自己的量子位进行 $\sigma_1$ 或 $\sigma_3$ 测量，当他们采用相同的测量时，他们将得到相互关联的结果；③Alice 和 Bob 通过经典通道公布他们的测量类型（不公布测量结果），然后舍去不同测量的量子位；④Alice 和 Bob 选取一个子串序列进行公开比较，如果错误率超过一定的数量，则中止协议，如果错误率在可接受的范围，则继续下一步的操作；⑤Alice和 Bob 对余下的量子位进行信息调和和安全增强以获得共享的密钥。

在实验上，量子密钥分配已经取得了许多进展。2004 年 Gobby 等在电信光纤中进行量子密钥分配(BB84）实验的传输距离达到了 122 km。2005 年彭承志等在自由空间进行量子密钥分配(BB84）实验，他们的通信距离在地面大气中达到了 13 km。这一距离等效于整个大气层的厚度，为下一步基于卫星的量子通信奠定了基础。2007 年，Zeilinger 小组在自由空间有效地分发了光子纠缠态，距离为 144 km。进一步他们用纠缠源执行了量子密钥分配协议，传输效率为 75 s 分发了 175 个密钥比特。目前，量子密钥分配在理论和实验上都是一个十分活跃的研究方向，它的研究对通信的安全性起着至关重要的作用。

量子隐形传态也是量子信息学中的开创性工作之一。1993 年 Bennett 等最早提出了量子隐形传态的理论方案，其方案的核心是利用具有非局域关联特性的纠缠态作为量子通道，并借助于一个传递测量信息的经典通道实现量子态的隐形传输。量子隐形传态应用了量子纠缠特性来实现信息的传送和处理，为建立新一代的安全通信网络奠定了基础。

在 Bennett 的方案中，要求发送者（Alice）把一个单量子比特的任意量子态

$$|\phi\rangle_1 = a|0\rangle + b|1\rangle, \qquad |a|^2 + |b|^2 = 1 \tag{9.12}$$

传递给远处的接收者（Bob），在这个过程中，粒子 1 始终留在 Alice 处，而她可以不知道$|\phi\rangle_1$所蕴含的信息。Alice 和 Bob 之间的量子通道是二粒子的最大纠缠态

$$|\varphi^-\rangle_{23} = \frac{1}{\sqrt{2}}(|0\rangle|1\rangle - |1\rangle|0\rangle) \tag{9.13}$$

她们的经典通道可以是电话、传真、无线电等通信工具。

Bennett 的传输方案如下：①制备一个 EPR 对（由粒子 2 和 3 组成）作为量子通道，处于纠缠态$|\varphi^-\rangle_{23}$，然后把粒子 2 发送给 Alice，把粒子 3 发送给 Bob；②Alice 使用可以识别 Bell 基的装置，对粒子 1 和 2 进行联合测量，粒子 1、2、3 所构成的复合系统的量子态为

$$|\Psi\rangle_{123} = |\phi\rangle_1 \otimes |\varphi^-\rangle_{23} \tag{9.14}$$

按照粒子 1 和 2 的 Bell 基展开，这个量子态可以表示为

$$\begin{aligned} |\Psi\rangle_{123} = \frac{1}{2}\Big[ & |\varphi\rangle^-_{12}(-a|0\rangle_3 - b|1\rangle_3) + |\varphi^+\rangle_{12}(-a|0\rangle_3 + b|1\rangle_3) \\ & + |\phi^-\rangle_{12}(a|1\rangle_3 + b|0\rangle_3) + |\phi^+\rangle_{12}(a|1\rangle_3 - b|0\rangle_3)\Big] \end{aligned} \tag{9.15}$$

其中，Bell 基可以表示为

$$\begin{aligned} |\phi^+\rangle &= \frac{1}{\sqrt{2}}(|00\rangle + |11\rangle) \\ |\varphi^+\rangle &= \frac{1}{\sqrt{2}}(|01\rangle + |10\rangle) \\ |\phi^-\rangle &= \frac{1}{\sqrt{2}}(|00\rangle - |11\rangle) \\ |\varphi^-\rangle &= \frac{1}{\sqrt{2}}(|01\rangle - |10\rangle) \end{aligned} \tag{9.16}$$

Alice 每一次的测量结果，可能是四个 Bell 基中的某一个，即粒子 1、2 组成的子系统在测量之后将坍缩到其中的一个 Bell 基上（得到每个测量结果的概率均为 1/4）。测量后，粒子 3 将由原来的纠缠态坍缩到相应的量子态上；③Alice 把她的测量结果，经由经典通道告诉 Bob，知道了 1、2 粒子所处的量子态，Bob 便能确切地知道粒子 3 的状态；④Bob 根据粒子 3 的状态，对粒子 3 实现相应的局域变换，从而可以得到待传态的一个真实副本。

在这个量子态传输过程中，量子态$|\phi\rangle_1$从粒子 1 转移到了远处的粒子 3 上，而在 Alice 的 Bell 基测量中，待传的粒子态$|\phi\rangle_1$被破坏了，所以这个过程实质上只是量子态的转移，即量子态从粒子 1 处转移到粒子 3 处，这不违反量子态的不可克隆定理（量子不可克隆定理的表述为：一个未知量子态不可克隆）。

Bennett 等提出的量子隐形传态方案引起了许多研究小组的兴趣，他们相继在实验上取得了令人鼓舞的进展。1997 年 Boschi 研究组和 Zeilinger 研究组成功演示了单光子极化态的量子隐形传态实验。1998 年，美国的 Furusawa 研究组报道了单模光场相干态的隐形传态实验。目前，人们对这一领域的研究进一步深入，不断有新的传态方案提出和新的实验获得成功。2004 年 8 月，Zeilinger 小组报道了一个跨越奥地利多瑙河的单光子偏振态的量子隐形传态实验，这个实验是在室外真实条件下进行的，传态距离为 600 m。目前，纠缠态的有效分发可以达到 100 km 以上，已经有研究小组计划利用卫星分发纠缠源并进行各种量子通信实验。

在经典通信中，传输一个经典位只能传递一个 bit 的信息。而在量子通信中，可以通过传输一个量子位（qubit）来传送两个 bit 的信息，这就是所谓的量子稠密编码（quantum dense coding）。在这个协议中，Alice 和 Bob 共享一个两量子比特的最大纠缠态，

$$|\phi^+\rangle = (|00\rangle + |11\rangle)/\sqrt{2} \tag{9.17}$$

按事先约定，Alice 把她要传送的经典信息{00，01，10，11}与四个局域操作$\{I, \sigma_x, \sigma_y, \sigma_z\}$一一对应起来。例如，Alice 要传送信息 01，她就对她的 qubit 进行局域操作$\sigma_x$。Alice 四个操作的结果分别为$I|\phi^+\rangle = |\phi^+\rangle$，$\sigma_x|\phi^+\rangle = |\varphi^+\rangle$，$i\sigma_y|\phi^+\rangle = |\varphi^-\rangle$和$\sigma_z|\phi^+\rangle = |\phi^-\rangle$。操作完毕后，Alice 就把她的 qubit 发送给 Bob。此时两个 qubit 处于四个 Bell 态之一。Bob 对它们实施一个联合操作后，可以得到

$$\begin{aligned} U|\phi^\pm\rangle &= \begin{cases} |0\rangle_A |0\rangle_B \\ |1\rangle_A |0\rangle_B \end{cases} \\ U|\varphi^\pm\rangle &= \begin{cases} |0\rangle_A |1\rangle_B \\ |1\rangle_A |1\rangle_B \end{cases} \end{aligned} \tag{9.18}$$

然后，Bob 通过$\{|0\rangle, |1\rangle\}$基的测量，就可以区分四个 Bell 态，从而知道 Alice 要传送的两个经典 bit 的信息内容。这样，Alice 传送一个 qubit，Bob 就可以获得两个 bit 的经典信息。奥地利的 Zeilinger 小组在 1996 年首先实现了量子稠密编码的实验演示。

在量子计算中，量子纠缠也是必不可少的资源。通常的量子计算通过执行一系列单 qubit、双 qubit 的幺正操作和最后的投影测量来完成一定的量子算法，以期比使用经典算法更快地完成某些特定的任务。Shor 的大数质因子分解的量子算法比经典算法有指数性的加速，Grover 的无序数据库的搜索算法和经典算法相比有根号次的加速。2003 年，Jozsa 和 Linden 证明，在量子加速算法进行到某个阶段一定要用到纠缠态。退相干（decoherence）是量子计算中遇到的一个严重问题，通过利用多体纠缠态则可以进行量子纠错和量子容错计算。Raussendorf 等在 2001 年提出了基于测量量子计算方案，这种类型的量子计算要求输入态为高度纠缠的团簇态（cluster state）。2005 年，Walther 等对这一方案进行了原理性的实验演示。

随着量子信息学的发展，量子纠缠作为一种新的物理资源已经被应用于信息处理的各个方面，并且发挥着至关重要的作用。

## 9.5　小　　结

19 世纪末，经典力学和经典电动力学在描述微观系统时的不足越来越明显。量子力学是在 20 世纪初由普朗克、玻尔、海森伯、薛定谔、泡利、德布罗意、玻恩、费米、狄拉克等一大批物理学家共同创立的。通过量子力学的发展，人们对物质的结构以及其相互作用的认识发生了革命性的改变。借助量子力学，许多现象才得以真正地被解释，新的、无法由直觉想象出来的现象被预言和验证。

量子力学在微观的现象范围内具有普遍适用的意义，它是现代物理学的基础之一。除了量子信息学外，量子力学在现代科学技术中的表面物理、半导体物理、凝聚态物理、粒子物理、低温超导物理、量子化学以及分子生物学等学科的发展中都有重要的理论意义。量子力学的产生和发展标志着人类对自然界的认识实现了从宏观世界向微观世界的重大飞跃。

# 第 10 讲　从电磁学到狭义相对论

## 10.1　电磁场理论的研究对象

电磁学是研究电磁现象和规律的学科，是普通物理学的一个组成部分。电磁学通常包括静电场和电介质、稳恒电流及液体与气体中的电流、静磁场和磁介质、电磁感应、电磁振荡及电磁波。电磁学着重由实验定律出发，阐明电磁现象各方面的基本规律及其应用。最后，电磁学总结出作为电磁现象普遍规律的麦克斯韦方程组，但是不作为重点。

按照现代的观点，电动力学是研究电磁现象一般规律的学科。电动力学以电磁运动最基本的方程——麦克斯韦方程组和洛伦兹力公式为基础，结合物质结构的知识，建立起完整的电磁场理论，分别从宏观和微观的角度来阐明各种电磁现象。由于狭义相对论起源于经典电动力学，因此电动力学通常还包括狭义相对论。

## 10.2　从静态场到变化场的历史变革

1820 年安培在奥斯特实验的基础上，设计了四个精巧的电流对电流作用的示零实验，提出了安培定律。在此基础上，安培通过对比“静力学”与“动力学”的研究对象及其名称后，提出动电理论应当称为“电动力学”（electrodynamics）。随后安培又进一步总结了当时有关动电理论的研究成果，于 1822 年和 1827 年分别出版了《电动力学的观测汇编》和《电动力学理论》两本专著。这是电学和磁学的第一次结合，所产生的理论正是现在大学物理专业所学的电磁学（electromagnetism）。

1831 年法拉第电磁感应定律的发现以及电磁场思想的提出，促进了电学与磁学的更紧密结合。此后，麦克斯韦经过多年的艰苦努力，在 1895 年出版了《电磁场的动力理论》，创立了真正统一的“电磁场理论”。从此，电磁场理论从研究静态场逐渐发展到变化场的研究。

## 10.3　电磁场理论的局限性和经典时空观

19 世纪末，物理学家开尔文在一次国际会议上讲到“物理学大厦已经建成，以后的工作仅仅是内部的装修和粉刷”，也就是说物理学研究的使命已经基本完成，物质世界在世人面前已经是一片光明。但是，他话锋一转又说：“大厦上空还漂浮着两朵‘乌云’，一个是迈克耳孙-莫雷的实验结果，另一个是黑体辐射的紫外灾难”。正是在解决上述两个问题的过程中，物理学发生了一系列深刻的革命，导致了相对论和量子力学的诞生。这时人们发现物质世界并非一片光明，而是仍然处在相对的黑暗之中。人们都称赞爱因斯坦伟大，但是又很难理解这一伟大的内容，人们想起了英国诗人波普歌颂牛顿的诗句：“自然界和自然界的规律隐藏在黑暗中，上帝说，‘让牛顿去吧，’于是一切成为光明。”后人续写道：“不久，魔鬼说，‘让爱因斯坦去吧，’于是一切又重新回到黑暗之中。”因此，对物质世界规律的认识应该是永无止境的，认为科学发展已经完结的一切思想都是错误的。

早在麦克斯韦方程建立之日，人们就发现它没有涉及参考系的问题。人们利用经典力学的时空理论分析麦克斯韦方程，发现在伽利略变换下麦克斯韦方程及其导出方程（如达朗贝尔方程、真空中的波动方程等）在不同惯性系中的形式不同，也就是说，电磁规律不满足经典力学的相对性原理。那么，是电动力学的基本理论存在问题？还是经典力学及其对时空的认识存在缺陷？

体现经典力学时空观的是相对性原理和伽利略变换。相对性原理的具体内容可以归纳为：①一切相对做匀速运动的惯性系中力学规律具有相同形式；②一切惯性系都彼此等价，不存在特殊惯性系。伽利略变换是指同一个事件 $P$，在两个惯性系中的时空坐标间的变换关系。

如果承认相对性原理，我们可以得到以下结果：描述力学规律的方程形式与惯性系无关，即在两个惯性系的变换中方程形式保持不变，因此，在任何一个惯性系内部所进行的一切实验和观测（不与外部发生联系）都不可能判断该惯性系相对于另一个惯性系的运动速度。反向思维的结果是：如果相对性原理不正确，那么就可以在一个惯性系内部做实验来测定该惯性系相对其他惯性系的运动速度，同时，承认特殊惯性系的存在。

从经典相对性原理和伽利略变换可以得到：空间间隔与运动无关，是不变的，即空间是绝对的（换句话说，在所有惯性系中测量同一物体，得到的长度都具有相同的值）。同样，从伽利略变换可以得到时间间隔也与运动无关，因此时间也是绝对的（在所有惯性系中测量两事件的时间间隔得到数值都相同）。另外，我们还可以得到空间间隔与时间间隔之间没有联系，这种性质称为时空独立性。

从以上分析不难看出，经典时空理论的核心是：空间和时间不受物质运动过程的影响，空间距离与时间间隔不存在联系，这种时空观称为绝对时空观。伽利略变换即是这种时空观的数学表达形式。

下面我们从不同惯性系中的光速和麦克斯韦方程来分析经典时空理论的局限性。人们在对光的研究中发现，如果按照经典时空理论，光速是各向异性的。但是，在地球上光速却是各向同性，这与经典时空理论不相符。另外，在伽利略变换下，人们发现电磁规律（麦克斯韦方程）不服从相对性原理。由此产生了三个问题：

（1）如果承认伽利略变换正确，同时认为电磁运动规律应当服从相对性原理，那么一定是麦克斯韦方程组存在问题。但是，实践中人们发现由麦克斯韦方程得到的结果与实际完全相符。因此，这种观点不能被接受。

（2）如果承认光速各向异性，即伽利略变换正确，同时承认电磁规律正确，那么一定是相对性原理不适用电磁运动规律。那么，宇宙中就应当存在一个特殊的惯性系。

（3）承认电磁运动服从相对性原理，同时认为麦克斯韦方程组正确，那么就需要否定伽利略变换，也就是说修正经典力学的时空理论。

19 世纪末，大多数科学家都倾向于维护经典时空理论，因此，他们赞成第二种观点，并做了一系列实验（其中最著名的就是寻找特殊惯性系的迈克耳孙-莫雷实验）试图来证明。但是，所有的努力均告失败。为了解决经典力学与电动力学之间的矛盾，爱因斯坦认为物理规律都应当满足相对性原理，也就是说必须否定绝对参考系的存在，这样光速就应当是一个不变量。爱因斯坦还认为当物体高速运动时，空间和时间作为物质的基本属性必然发生联系，伽利略变换应当用新的变换取代。爱因斯坦经过多年的潜心钻研，以两个基本假设为出发点，在 1905 年建立了相对论（在爱因斯坦 1916 年建立了广义相对论后，将惯性系的时空理论称为狭义相对论）。

## 10.4　爱因斯坦与狭义相对论

爱因斯坦 1879 年 3 月 14 日出生在德国乌尔姆城的一个犹太人家中，父亲是工程师兼小业主。由于生活所迫，1880 年举家迁往慕尼黑。据说，爱因斯坦性格比较孤僻，好幻想。在学业上，除了数学和拉丁文之外，其他成绩都比较差，中学毕业时没有得到毕业文凭。1896 年，17 岁的爱因斯坦进入瑞士苏黎世工业大学师范系理论物理专业学习。在 4 年大学期间，学习成绩一般。但是，在这期间爱因斯坦阅读了大量的科学和哲学书籍。1900 年大学毕业后爱因斯坦随即失业，据说做了一些临时工作。1902 年经朋友介绍进了瑞士专利局当了一名小职员。

爱因斯坦经过多年默默无闻的潜心研究，在 1905 年终于脱颖而出。在这一年，除博士论文外，爱因斯坦连续发表了 4 篇重要论文。3 月，他发表了关于光电效应的研究论文，提出了光子学说并成功地解释了光电效应；5 月，他发表了关于布朗运动的研究论文，间接证明了分子的存在；6 月，他发表了“论运动物体的电动力学”的研究论文，提出了相对论（即狭义相对论）；9 月，他发表了有关质能关系的研究论文，指出能量等于质量乘以光速的平方，即 $E=mc^2$。

1909 年爱因斯坦成为大学教授。1916 年，爱因斯坦发表了有关广义相对论的论文，提出了时空弯曲的思想，建立起崭新的时空观。1921 年，爱因斯坦获得诺贝尔物理学奖（但是获奖原因不是相对论，而是因为他对光电效应的成功解释）。从 1923 年起，爱因斯坦开始研究“统一场”理论。1940 年爱因斯坦加入美国国籍。爱因斯坦一生发表论文 200 多篇，后半生还撰写了多部理论专著。

爱因斯坦 1955 年 4 月 19 日逝世，终年 76 岁。根据爱因斯坦的遗嘱，没有举行葬礼，遗体火化，没有修建坟墓，也没有建立纪念碑。科学家郎之万在爱因斯坦逝世后的一次纪念会上对爱因斯坦做出了高度的评价：“他是人类宇宙中具有头等光辉的一颗明星，他的伟大至少可以与牛顿相比拟。”

爱因斯坦将经典力学的相对性原理中的“力学”二字改为“物理”，给出了狭义相对论的相对性原理。其主要内容是：物理规律对于所有惯性系都具有相同的形式，一切惯性系都是等价的。

爱因斯坦认为相对性原理是物理学的一个基本原理，因此不存在特殊惯性系，即否定了“电磁以太”的存在。既然不存在绝对参考系，那么电动力学基本规律中的光速应当是一个普适常数，与参考系无关，因此爱因斯坦又给出了光速不变原理。

爱因斯坦给出的另一个基本原理是光速不变原理，其具体内容是：真空中光速相对任何惯性系沿着任何一个方向大小恒为 $c$，而且与光源的运动速度无关。

光速不变原理说明光速不满足经典速度合成公式，实际上认为伽利略变换对物体高速运动的情况不再适用。光速在任何惯性系中数值不变，可以推断出一个自然过程的时间间隔与空间间隔之间必然发生关系。换句话说，在不同参考系中观测同一个自然过程得到的时间间隔和空间间隔可能不同。

爱因斯坦在两个基本原理基础上，利用洛伦兹变换建立了狭义相对论的数学模型，并得到一系列与实验一致的结论。

在这里，仅介绍狭义相对论的两个著名效应，即尺度收缩和时钟延缓效应。

当一个观察者与物体相对静止时，他测量到的物体的长度称为固有长度（又称为静止长度或原长），记为 $l_0$，而当一个观察者与物体相对运动时，他测量到的物体的长度称为运动长度，记为 $l$。二者之间满足

$$l = l_0\sqrt{1-\beta^2} \tag{10.1}$$

式中，$\beta=v/c$，$v$ 是参照系的运动速度，$c$ 是真空中的光速。因为$\sqrt{1-\beta^2}<1$，所以 $l<l_0$，即在运动方向上物体的长度收缩。因为洛伦兹最先提出这一假设，所以这一效应被称为洛伦兹收缩（又称为运动长度收缩效应）。应当注意，由于没有特殊的惯性系存在，物体长度的收缩效应是相对的。洛伦兹收缩效应是

时空的基本属性，它是测量运动物体所得到的结果，与物质的结构没有任何关系。

运动的时钟延缓是描述运动物体发生的自然过程的时间间隔与固有时间隔之间的关系。所谓固有时间隔是指与参考系相对静止的时钟记录到的静止物体内部的自然过程所经历的时间间隔（又称原时），记为 $\Delta\tau$；与此对应，时间间隔是指：相对某惯性系静止的时钟记录到的运动物体内部自然过程经历的时间，记为 $\Delta t$。这里所说的自然过程包括一切物理过程、化学过程以及生命过程，如一个粒子的衰变过程、一个生物体的寿命等。$\Delta t$ 与 $\Delta\tau$ 的关系为

$$\Delta t = \frac{\Delta\tau}{\sqrt{1-\beta^2}} \tag{10.2}$$

因为 $\sqrt{1-\beta^2}<1$，所以 $\Delta t>\Delta\tau$，即一个参考系中观测到运动物体内部的自然过程延长了，也就是说，运动的时钟走动的速率变慢了，因此这个效应称为运动时钟延缓（或称动钟变慢）。这一效应是在爱因斯坦假定光速不变并发现空间间隔与时间间隔相关联后才揭示的现象，因此又称为爱因斯坦延缓。

时钟延缓效应是时空的另一个基本属性，它与时钟的内部结构无关。同时，因为狭义相对论仅涉及惯性系的问题，这一效应与加速度无关。这一效应已经被高能 $\pi$ 介子实验所验证。

时钟延缓与尺度收缩既然都是时空的基本属性，那么它们必然密切相关。例如，地面观测 $\mu$ 介子的实验可以很好地说明这一点。按照静止寿命计算，$\mu$ 介子不可能穿透大气层，但地面上却接收到大量的 $\mu$ 介子，这只能说明，对于地面的观察者，$\mu$ 介子在运动过程中寿命延长了。但是，与 $\mu$ 介子一起运动的观察者认为介子的寿命为静止寿命，那么他为什么也说 $\mu$ 介子能够穿透大气层呢？原因是，当观察者与 $\mu$ 介子一起运动时，地球上的大气层相对观察者在高速运动，所以观察者测量到的大气层变薄了，因此他也可以看到 $\mu$ 介子穿过大气层这个结果。他们对过程的解释可以不同，但是结果相同，因为地面能够接收到大量 $\mu$ 介子这个事实与参考系本身没有关系。

由狭义相对论理论得到的结果，直到目前均与实验相符，因此也表明狭义相对论在目前所知的条件下的正确性是不容置疑的。狭义相对论还有许多有趣的现象和结论，这将在未来的理论物理课程中讲述。

2005 年，在狭义相对论诞生 100 周年，爱因斯坦逝世 50 周年之际，联合国大会通过决议，确定 2005 年为世界物理年。2005 年 4 月 19 日在全世界无数的城市举行了庆祝活动和光束传递活动。“让物理照耀世界、让世界拥抱物理”和“寻找下一个爱因斯坦”成为纪念活动的主要内容。由此可见，爱因斯坦的科学成就深深地影响着一代又一代的物理学工作者和世界人民。

# 第 11 讲　固体物理基础与现代科技

在化学元素周期表中，我们可以看到在通常状态下，金属元素约有 75 种之多。在自然界中，大约也有 2/3 以上的固态纯元素属于金属。人类社会很早就学会了使用金属并将其作为人类进步的标志，如过去的铜器时代、铁器时代等。人类对金属的使用和研究与金属具有良好的导电、导热、易加工和特殊的金属光泽等自然属性是分不开的。那么金属为什么具有这些优异的自然属性呢？为什么金属可以制成镜子呢？

大家都知道宝石很贵重，尤其是天然宝石。这些宝石可以发出各种各样的光泽，因而深得女士们的喜爱，那么这些宝石为什么会有这些特性呢？你会简单鉴别宝石吗？它们的内部结构是什么样子呢？如何人工合成宝石呢？

自然界物质种类很多，为什么这些物质会分为导体、绝缘体、半导体以及类金属呢？还有很多物质具有热胀冷缩的属性，原因何在呢？

我们正处在一个科技迅速发展的时代，多媒体已经影响着我们的生活，如此丰富的音频、视频是如何存储和再现的呢？计算机的硬盘、手机、数码照相机等的存储介质是什么样子的呢？

上述和我们生活密切相关的“为什么”，作为刚刚走进大学生活的你们是不是觉得这是一个令人着迷的世界呢？如果你愿意的话，那么让我们一起走进固体物理这个世界吧。她将为你揭开上述谜底。

## 11.1　固体物理基础的内容

### 11.1.1　固体物理学的基本概念

顾名思义，固体物理学主要是以固体为主要研究对象的，固体通常指在承受切应力时具有一定程度刚性的物质，在压强和温度一定，且无外力作用时，它的形状和体积保持不变。包括晶体、准晶体和非晶体。

固体物理学就是研究固体的性质、它的微观结构及其各种内部运动，以及这种微观结构和内部运动同固体的宏观性质的关系的学科。

固体物理学是凝聚态物理学的基础，凝聚态的物质是相空间（位形空间和动量空间）中的凝聚体，包括固体、液体以及介于其间的软物质（液晶、复杂流体、凝胶、聚合物等）。凝聚态物理学是当今物理学中最庞大同时也是发展最为迅速的一个分支学科。而作为凝聚态物理基础的固体物理学的研究对象主要是晶态物质，探讨具有周期结构特征的晶态物质的结构与性质的关系。

固体物理学的基本任务是企图从微观上去解释固体材料的宏观物性，并阐明其规律。固体物理是建立在周期性和单粒子近似下的简单理论，其学习目的简单说来就是希望通过本课程的学习，学生能够掌握从事凝聚态物理研究工作的起码的物理基础，以及进一步学习固体理论和凝聚态物理学所需要的基本概念和知识。

### 11.1.2　固体物理学的基本问题和研究内容

固体物理学的研究内容非常广泛，而且也是和现代科技紧密相关的学科。简单地说，固体物理学的基本问题有：固体是由什么原子组成？它们是怎样排列和结合的？这种结构是如何形成的？在特定的固体中，电子和原子取什么样的具体的运动形态？它的宏观性质和内部的微观运动形态有什么联系？各种固体有哪些可能的应用？如何设计和制备自然界中不存在的固体材料并具有奇异的物性？

固体物理学所涉及的内容有：晶体学物理、非晶态物理、金属物理、半导体物理、相变物理、电介质物理、磁性物理、低温物理、高压物理、超导体物理、表面物理、纳米电子学等。固体物理学几乎涵盖了物理学的各个领域，由此我们不难理解为什么现代科技的发展离不开固体物理了。

### 11.1.3　固体物理学的建立和发展

固体物理学科的建立和发展体现在以下几个方面：晶体结构的认知；晶体结合的认知；晶格振动和固体比热容的认识和发展；缺陷的认知；固体电子论的发展；相变的研究；固体磁性；超导现象的认识和发展；半导体物理的研究以及无序系统和一些新的进展等。

关于晶体结构的认知，最早是从晶体的外形开始的。这可以追溯到石器时代，当时人们发现了各种外形规则的石头并把它们做成了工具，从此拉开了研究晶体结构的序幕。1669 年，意大利科学家斯丹诺（Steno）发现了晶面角守恒定律；1784 年，法国科学家阿羽依（Haüy）的“小基石”模型打造出了晶胞学说的思想；1850 年左右，法国科学家布拉维（Bravais）建立了空间点阵学说；1890～1895 年，俄国科学家费奥多罗夫（Fedorov）、熊夫利（Schoenflies）和巴洛（Barlow），各自建立了晶体对称性的空间群理论，为晶体结构的分类提供了数学基础；1912 年，德国科学家劳厄（Laue）对晶体进行了 X 射线衍射实验，首次证实了空间点阵学说和空间群理论的正确性；1913 年英国的布拉格父子（Henry Bragg 和 Lawrence Bragg）在劳厄的基础上制造出第一台 X 射线摄谱仪，并研究出晶体结构的分析方法，为 X 射线谱线学和 X 射线结构分析奠定了基础。

关于晶格振动和固体比热容的认识和发展；1907 年，爱因斯坦首先用量子论处理固体中原子的振动，把晶体中的原子看成一些具有相同频率 $\omega_E$ 并能在空间自由振动的独立振子，每个振子的能量以 $\hbar\omega_E$ 为单位量子化（普朗克的量子假设），得到温度趋于绝对零度时，比热容趋于零的结论。爱因斯坦开创了固体比热容量子理论的先河，但是，由于该模型过于简单，所以，超过某一温度范围，它对任何材料都不能给出正确结果；1912 年，德拜（Debye）把晶格振动的“简正模”看作似乎是一个连续的、各向同性的介质中的波，而不是集中在一些分立格点上振动的波，得到固体低温比热容的正确的温度关系；1913 年，玻恩和卡门（Karman）考虑到周期性晶格模型，提出晶格系统的运动不易用个别原子的振动去描述。玻恩和卡门认为晶格系统要用具有一定波矢、频率和偏振的行波来表示，称为系统的“简正模”（normal mode），每个波的能量与具有相同频率的谐振子一样是量子化的。与晶体相联系的波的频率不是单一频率，而是具有一定的频率分布，这个频率分布按复杂的规律依赖于原子间的相互作用。

关于固体电子论的发展可以从 1853 年维德曼（Weideman）和夫兰兹（Franlz）从实验上确定的金属热导率和电导率的关系开始；1900 年德鲁德（Drude）首先借助理想气体模型，建立了经典的金属自由电子气体模型；1904 年洛伦兹发展了这个理论，他在德鲁德模型的基础上引入经典的麦克斯韦-玻尔兹曼统计规律，解释了上述经验定律；泡利在 1927 年首先用量子统计成功地计算了自由电子气的顺磁性；1928 年，德国物理学家索末菲扬弃了德鲁德-洛伦兹自由电子论的经典力学与经典统计背景，认为金属中的价电子服从费米-狄拉克（Fermi-Dirac）统计理论，解决了经典理论的困难；1928 年，布洛赫（Bloch）注意到晶体中点阵排列的周期性，认为电子是在严格的周期性势场中运动的，由此提出了第一个计算能带的理论。利用能带的特征以及泡利不相容原理，威尔逊在 1931 年提出金属和绝缘体相区别的能带模型，并预言介于两者之间存在半导体，为后来半导体的发展提供了理论基础。

上述研究成果终于导致了固体物理学的诞生，1940 年，塞茨（Seitz）的专著《近代固体理论》为以后的固体物理学教材提供了样板。之后，伴随着固体物理学的迅猛发展，他们从 1955 年开始，几乎每年都要出一本《固体物理学——研究与应用的进展》，以便收集各分支最新进展的综述，一直持续到今天。

由于固体物理本身是微电子技术、光电子学技术、能源技术、材料科学等技术学科的基础，也由于固体物理学科内在的因素，固体物理的研究论文已占物理学中研究论文 1/3 以上。同时，固体物理学的成就和实验手段对物理化学、催化学科、生命科学、地学等的影响日益增长，正在形成新的交叉领域。

### 11.1.4　固体物理学与现代科技

由于固体物理学自身的特点，因而现代科技的发展已经无法离开固体物理学的内容了。而且许多新技术领域的突破都是固体物理学的成就。

从近几年的诺贝尔物理学奖就可以略见端倪。例如，2007 年诺贝尔物理学奖是由德国科学家格林贝格尔和法国科学家费尔获得的。他们的获奖成果是基于巨磁电阻效应（GMR）的发现。这一成果使得计算机的硬盘存储密度得到了大幅度的提高，可以说没有该成果的发现，就不会有如今丰富的多媒体世界。而巨磁电阻效应就属于固体物理学的研究内容。还有 2010 年的诺贝尔物理学奖授予了荷兰籍物理学家海姆和拥有英国与俄罗斯双重国籍的物理学家诺沃肖洛夫，以表彰他们在石墨烯材料方面的卓越研究。他们二人利用普通胶带成功地从石墨中剥离出了石墨烯。石墨烯仅有一个碳原子厚，是目前已知的最薄的材料。石墨烯作为电导体，它和铜一样，有着出色的导电性；石墨烯作为热导体，可能比目前任何其他材料的导热效果都好。利用石墨烯，科学家能够研发一系列具有特殊性质的新材料。如石墨烯晶体管，其传输速度远远超过目前的硅晶体管，可用于全新超级计算机的研发；用石墨烯还可以制造触摸屏、发光板，甚至太阳能电池等。如果和其他材料混合，石墨烯还可用于制造更耐热、更结实的电导体，从而使新材料更薄、更轻、更富有弹性，因此其应用前景十分广阔。而对于石墨烯结构和性质的研究，也是属于固体物理学领域的内容。此外，还有新能源技术的研发、信息技术的发展、空间技术的开拓、生物技术和环保技术等。因此，现代科技与固体物理息息相关。

## 11.2　固体物理基础的地位

固体物理基础是理解物体导电、发光、发热、超导、磁性等的基础，在我们的生活当中，可以说处处离不开固体物理。总之，固体物理学的成就和实验手段正在改变着物理世界，同时对物理化学、催化学科、生命科学、地学等的影响也在日益增长，正在形成新的交叉领域。掌握了固体物理基础的主要内容，将有利于进一步打开现代科技的大门，去探索、开发新的领域。

# 第 12 讲　从原子到夸克

## 12.1　引　　言

在人类文明出现以后，人类的求知欲和好奇心驱使着自身去探索身处的这个世界。如同法国著名印象派画家高更（Gaguin，1848—1903）的经典作品：我们从哪里来（Where Do We Come From）？我们是谁（What Are We）？我们往哪里去（Where Are We Going）？一样，千百年来人类在不断地问着同样的问题。对于我们周围的世界，如果不是无中生有，那么它必定是由某些原初物质创造出来的。这些原初物质又是什么？

在距今遥远的古代（公元前几百年），那时尽管没有研究仪器，没有研究手段，也缺少其他学科知识的支持，但是，人们对构成世界的原初物质，或者说对物质的结构仍然作出了种种猜测。

## 12.2　古代关于物质结构的观点

在久远的古代，人们就想知道组成世间万物的最基本的结构单元是什么，物质是不是可以无限地分割。从较早的《左传》、《尚书》和《国语》等书中可以发现，中国古代思想家试图用日常生活中常见的金、木、水、火、土等多种物质形态来说明世界万物的起源和多样性的统一。而古希腊也有类似的思想，认为组成物质的基本元素为水、火、空气和泥土。

早在公元前 400 年，中国战国时期的思想家、教育家和墨家学派创始人墨翟（前 468—前 376）在《墨经》中就提出了“端，体之无序最前者也”这种思想。“端”即为物质的微粒，意思是不能再被分割的物质的最小结构单元。在此之后的先秦时期，思想家庄周（前 369—前 286）在《庄子·天下篇》记有：“一尺之棰，日取其半，万世不竭”。意思是说，一个短棍今天是一尺，明天取一半，余二分之一尺，后天取一半，余四分之一尺，以此类推，永远没有尽头。当然，这里并没有提出，也不可能提出用什么方法分割的问题。然而，在那个时代，我国古代学者就能用思辨的方法提出这样的问题，已是难能可贵了。

在墨子提出“端”的概念时，古希腊的留基伯（希腊文 Λεύκιππος，英文 Leucippus，前 500—前 400）和他的学生德莫克利特认为，世间万物都是由不可分割的物质——原子组成的。宇宙间的原子数是无穷无尽的，它们的大小、形状、重量等都各自不同，并且不能毁灭，也不能创造出来。他们把宇宙的形成解释为：宇宙的一切事务都是由在虚空中运动着的原子构成。所谓事物的产生就是原子的结合。原子处在永恒的运动之中，即运动为原子本身所固有。虚空是绝对的空无，是原子运动的场所。世界是由原子在虚空的漩涡运动中产生的。宇宙中有无数个世界在不断的生成与灭亡。综上所述，按照德莫克利特的原子论说，宏观物质是离散的原子的集合体。

总而言之，上述中外古代关于物质结构的观点，都是基于想象和猜测提出来的，并没有任何实验证据的支持。尽管如此，这些观点从自然界本身去探索和寻找世界的物质本原，把世界理解为客观的不依赖于人的思想的存在。这种物质观的本质和方向是正确的。

## 12.3　近代关于物质结构的原子观

“原子”被确认为一种真实的存在，是实验研究和科学进步的结果，而事实上，近代关于原子的学说却起始于人们对物质化学性质的研究。19 世纪初，随着科学技术的发展，人们可以实施大量的化学实验。化学家在许许多多的化合和分解反应中发现，有些东西总是不变的，并且没有经过反应而消失或产生。化学家把这些东西被称为元素。

1661 年，爱尔兰化学家玻意耳在他的《怀疑派的化学家》（1661 年出版）这部著作中指出，所谓元素是指某种原始的、简单的、一点也没有掺杂的物体。元素不能用其他任何物体造成，也不能彼此相互创生。元素是直接合成所谓完全混合物的成分，也是完全混合物最终分解成的要素。

1804 年，英国化学家道尔顿系统地提出了他的原子学说。其要点是：①化学元素由不可分割的微粒——原子构成，它在一切化学变化中是不可再分的最小单位；②同一种元素的原子性质和质量都相同，不同元素原子的性质和质量各不相同，原子质量是元素的基本特征之一；③在不同的元素化合时，原子以简单整数比结合，形成化合过程的化合现象，化合物的原子称为复杂分子，它的质量等于其组成原子质量的和。

历史上，道尔顿曾经用图形加字母的方式作为元素符号。但是，由于后来发现的元素数目越来越多，符号设计变得越来越复杂，而且不便于记忆和书写，故未能被人们广泛采用。最后，国际上统一采用元素拉丁文名称的第一个字母来表示元素，如氢元素的拉丁文名称为 Hydrogenium，元素符号就写为 H，氧元素的拉丁文名称为 Oxygenium，元素符号就写为 O。如果几种元素拉丁文名称的第一个字母相同时，就附加一个小写字母来区别，如用 Cu 表示铜元素，Cl 表示氯元素，Ca 表示钙元素。从道尔顿的原子论出发，几乎可以很圆满地解释当时发现的一切化学定律和基本概念，第一次提出了关于原子的真正科学的假设，从而完成了近代化学发展的一次重要的理论综合，奠定了化学发展的基础，使化学真正成为一门科学。

1869 年，俄国化学家门捷列夫（Mendeleev，1834—1907）分析了当时已经发现的 63 种元素的化学性质，总结其规律性，排列出元素周期表，并预言了当时未发现的多种元素及其化学性质。在此之后，人们在实验中陆续发现了这些元素，并逐步填满了元素周期表。元素具有周期性的规律，表明了这些原子并非相互无关，而应存在着某种更深层次的内部规律。这就暗示了原子不是物质不可分割的最终单元，而应具有其内部结构。

## 12.4 原子的结构

在 19 世纪末的最后几年，物理学有了一系列的新发现。伴随着这些发现，物理学进入了一个新的时代，开始了对原子结构的研究。

1895 年底，伦琴发表了他的第一篇描述 X 射线的论文《初步通信：一种新射线》。对 X 射线的研究表明，各种原子发出的 X 射线都有其特征谱线，这实际上是由原子内层电子的跃迁所产生，由此说明原子是有内部结构的。1896 年，贝克勒尔（Becquerel，1852—1908）在用铀盐研究荧光和 X 射线的关系时，意外发现了放射性。这项研究打开了通往重大发现的大门。之后，居里夫妇（Marie Curie，1867—1934 和 Piere Curie，1859—1906）发现了放射性比铀更强的元素钋（Po）和镭（Ra）。放射性元素的发现，明确地证实了原子具有内部结构，它可以自发地由一种原子蜕变为另外一种原子。

1897 年，英国物理学家汤姆孙通过阴极射线在电场和磁场中的偏转，得出了阴极射线是带负电荷的粒子流的结论。他进一步利用带电粒子在磁场中偏转的方法，测定了组成阴极射线的粒子电荷和质量的比值。他当时指出“有比原子小得多的微粒存在”，并把这种微粒称为电子。汤姆孙的这一发现使人类认识了第一个基本粒子，这在物理学史上具有划时代意义的。1906 年，汤姆孙由于在气体导电方面的理论和实验研究而荣获诺贝尔物理学奖。

电子的发现，改变了之前原子是“不能分割的”的观点，揭示了原子是由许多部分组成的，标志着一个科学新时代的来临。

在电子发现以后，汤姆孙提出原子是由电子组成的。但是，由于电子的质量很小，要解释原子的质量就需要假定原子中含有大数目的电子。这样一来，原子就必然带有大量的负电荷，但是，这与实际的观测结果相矛盾。1906 年，汤姆孙提出，原子是一个胶状球体，一个原子所含的电子数应该等于这个原子的原子序数。电子分布在球体中很像葡萄干点缀在一块蛋糕里。由于原子是电中性的，其中应有等量的正电荷存在，原子中的正电荷是均匀分布的。人们把汤姆孙的原子模型称为葡萄干布丁（plum pudding）模型，或葡萄干蛋糕（raisin cake）模型，也称为西瓜模型。这是第一个比较有影响的原子模型，它不仅能解释原子为什么是电中性的，电子在原子里是怎样分布的，阴极射线现象和金属在紫外线的照射下发出电子的现象，而且还能够估算出原子的大小。

1911 年，英国科学家卢瑟福利用 α 粒子(氦的原子核，带两个单位正电荷)打击金属箔片做成的靶。实验发现绝大多数的 α 粒子都直接穿过薄金箔片，偏转很小，但是，也有少数(1/8000) 的 α 粒子偏转角大于 90°，甚至还观察到偏转角等于 150°的散射，所谓大角度散射。这种现象无法用汤姆孙模型解释。据此，卢瑟福提出，原子应为核式结构，与正电荷联系的质量集中在中心形成原子核，电子绕着核在核外运动。人们把卢瑟福的原子模型称为原子的有核模型，又称原子的核式结构模型，也称为行星模型。根据原子的有核模型，可以从理论上推导出 α 粒子的散射公式，说明 α 粒子的大角度散射。另外，根据大角度散射的数据还可得出原子核的半径上限。

卢瑟福的 α 粒子散射实验开创了原子结构研究的先河。这个实验推翻了汤姆孙在 1906 年提出的原子的葡萄干布丁模型，为建立现代原子核理论打下了坚实的基础。

## 12.5　原子核的结构

在卢瑟福提出原子的行星模型之后，除了展开对原子的多方面研究外，人们对原子核是由什么组成的也产生了极大的兴趣。

1919 年，卢瑟福用 α 粒子轰击氮核，注意到从氮核中打出一种粒子。卢瑟福把这种粒子引入电场和磁场中，根据这种粒子在电场和磁场中的偏转情况，测定了这种粒子的电荷和质量，确定它就是氢离子。氢离子实际上就是氢的原子核，是由 α 粒子将氮原子核击碎而释放出来的。由于氢原子核是最轻的核，所以其他原子核应当由氢原子核组成的。卢瑟福将氢的原子核称为质子。

至此，人们已经认识了电子和质子两种粒子。另外人们也从相关实验中发现，放射性元素（如铀、钋和镭）在发生核蜕变时，从原子核中会放射出 α 射线(即氦核束)、β 射线（电子束）及 γ 射线（高能光子束）。因此，人们很自然地认为原子核是由质子和电子组成的。但是，关于原子核组成的这种观点在解释有关原子核的磁矩时遇到了困难。

如果原子核中存在电子，那么原子核的磁矩就应该是电子磁矩的贡献，其数值应该是电子磁矩的量级。但是，实验测定的结果却并非如此。这表明，在原子核内部不应该存在电子。因此，关于原子核是由质子和电子组成的观点，虽然可以解释原子核的质量和电荷，但却存在根本性的错误和矛盾，应该放弃。

1920 年，卢瑟福在发现质子后的一次演讲中猜测，在原子核内部应该存在一种中性的粒子——中子。当时卢瑟福认为这种中性粒子是由质子和电子结合成的非常紧密的复合粒子。由于中子不带电，对物质有很好的穿透性，能够进入原子核内部。因此这对解释重元素原子核构造是很需要的。

1930 年，科学家波特和他的学生贝克用 α 粒子轰击金属铍，发现会产生一种穿透力极强的中性射线。当时，他们认为是 γ 射线，未加关注。在此之后的 1932 年，约里奥-居里夫妇对波特发现的射线作了进一步的研究，实验结果表明当这种射线打在石蜡上时会发射出质子。

1932 年，英国实验物理学家查德威克在约里奥-居里夫妇实验的基础上，经过仔细深入地研究 α 粒子轰击铍产生的中性射线，在 *Nature* 上发表了《中子可能存在》一文。之后查德威克进一步用云室方法测定中子的质量，结果发现中子的质量与质子的质量非常接近。中子的发现，为建立正确的原子核物理图像开辟了道路，是原子核物理学史上有非常重要意义的事件。

同年，在查德威克的文章发表后不久，苏联物理学家伊万宁科(Ivanenko)向 *Nature* 杂志提交了一份极短的评论，提出“电子不可能以独立的粒子存在于核中，核仅仅由质子和中子组成”。原子核内核子之间的强相互作用抵消了质子之间的库仑斥力，从而使一些原子核保持相对稳定。

自由中子的质量比自由质子的质量略重，但它们之间的质量差很小，可以近似地看作质量相等。质子与中子的差别在于质子带正电而中子不带电，然而它们的强相互作用性质和行为相似，并且都是原子核的组成粒子。这表明质子和中子可以看成是同一种粒子的不同带电状态，质子和中子统称为核子。

到 1933 年为止，电子、正电子、质子、中子、光子和中微子是人们最早认识的一批粒子。当时人们以为这些粒子就是构成物质的所有的“基本粒子”。之所以称它们为基本粒子，是因为人们认为这些粒子已经可以非常完美地构成整个的物质世界，它们可能是物质微观结构的最小单元。但是，随着实验和理论研究的发展，许许多多的新发现已显示出某些基本粒子不但有一定的大小并且有内部结构。因此，现在已将基本粒子改称为粒子，将基本粒子物理学改称为粒子物理学。“基本粒子”这个名词已越来越成为历史的陈迹。

## 12.6　奇异粒子和共振态粒子的发现

1947 年，罗彻斯特和巴特勒在美国曼彻斯特大学用云室研究宇宙线时发现了一些所谓的“V”型事例。他们在分析了云室中粒子形成的径迹后，指出可能存在一个中性粒子衰变成两个带电粒子从而形成“V”型径迹。通过对带磁场云室中所测量到的径迹偏转曲线和电离密度的测量分析，发现图中的“V”型径迹一边是质子，另一边是 $\pi^-$ 介子。衰变前的中性粒子是在铅板中产生，它的质量可由所测质子和 $\pi^-$ 介子的动量和能量定出。研究结果表明此粒子属于前所未知的新粒子。

这一新的发现引起物理学家的广泛注意。更多的实验结果表明，存在两类“V”型事件，一类是一个中性粒子衰变成质子和 $\pi^-$ 介子，这种中性粒子的质量显然比质子大，后来称为 $\Lambda^0$ 粒子。另外一类是一个中性粒子衰变成 $\pi^+$ 和 $\pi^-$ 介子，这种中性粒子的质量约为 1000 倍电子的质量，比质子约轻 1 倍，称为中性 $K^0$ 介子。

1953 年，在美国鲁克海汶实验室的同步质子加速器工作后，开始用人工方法产生各种奇异粒子。例如，利用这台加速器的次级 $\pi^-$ 介子打质子靶，在产生两个中性粒子 $\Lambda^0$ 和 $K^0$ 后，$\Lambda^0$ 衰变成质子和 $\pi^-$ 介子，$K^0$ 衰变成 $\pi^+$ 和 $\pi^-$ 介子。

1954 年，人们在仔细分析了当时关于新粒子的实验之后，确定了七种奇异粒子：$K^+$，$K^-$，$K^0$，$\Lambda^0$，$\Sigma^+$，$\Sigma^-$，$\Xi^-$，以后又发现了 $\Sigma^0$，$\Xi^0$，$\Omega^-$ 等。这些新发现的粒子可以按质量分为两大类，一类比 $\pi$ 介子重而比核子轻，如 $K^+$，$K^-$，$K^0$，$\bar{K}^0$，统称为 K 介子。另一类比核子重，如 $\Lambda^0$，$\Sigma^+$，$\Sigma^0$，$\Sigma^-$，$\Xi^-$，$\Xi^0$，统称为超子。

由于这些新发现的粒子具有许多不平常的性质，因此称为奇异粒子。奇异粒子的重要奇怪之处就是，在碰撞过程中，它们总是同时产生，可是衰变时却独立进行，最终成为普通粒子，此所谓协同产生、非协同衰变。另外，这些新粒子可以在很短的时间(约 $10^{-23}$ s）内产生，而衰变过程却又非常慢（$10^{-10}$～$10^{-8}$ s)。

20 世纪 50 年代以后，随着加速器能量的逐步提高，人们发现在基本粒子相互碰撞时，可以产生一种状态，即由两三个粒子短时结合在一起，形成一个粒子，它很快又衰变成别的粒子。这种短时结合成的粒子，具有一定的质量、电荷、自旋及寿命等性质，称为共振态粒子。历史上最早发现的共振态粒子是 1952 年由费米等用高能 $\pi$ 介子在质子上散射时得到的 $\Delta$ 粒子。$\Delta$ 粒子有四种不同的带电状态，$\Delta^{++}$，$\Delta^+$，$\Delta^0$，$\Delta^-$。此后，特别是进入 60 年代，随着这种共振态粒子大批涌现，人们发现的粒子的总数就已经约有上百种了。

## 12.7　物质的基元——夸克

到 1961 年，在自然界中发现的粒子数目已达上百多种，比化学元素还多。这些粒子，除了质子和反质子、电子和正电子、中微子和反中微子、光子之外，余下的多是不稳定粒子。不稳定的意思是指这些粒子存在的时间很短。例如，自由（不被束缚在原子核内）中子的寿命只不过约 887 s，$\mu$ 子的寿命为 $10^{-6}$ s，中

性 $\pi^0$ 介子的寿命为 $10^{-16}$ s。这些短寿命的粒子一般是在稳定的碰撞中产生的，产生后的瞬间都转变成其他的粒子。另外，人们最初认为粒子的质量特征应该与其他性质有着密切的联系。因此，按照粒子质量的大小将它们分成了三类并给每一类一个统称。质量大的称为重子，如质子和中子。质量小的称为轻子，如电子和中微子。质量介于这两者之间的粒子称为介子，如 $\pi$ 介子。后来，人们发现粒子的一些主要性质并不依赖于粒子的质量。尽管如此，现在人们仍然沿用了原来的称谓，但是对老名称的字面意思已不在意。

面对已发现的如此之多的粒子，物理学家感到十分困惑。这些粒子都是基本的吗？它们是否仍然有内部结构？人们试图建立起某些模型，以使所有的粒子是由其中几个基本的粒子构成的，但这样的努力都遇到了不同程度的困难。

1964 年，美国物理学家盖尔曼（Gell-Mann）和兹韦格（Zweig）分别提出了强子结构的夸克模型。他们引入三种具有分数电荷的夸克，并且认为，夸克是自然界中更基本的物质组成单元，所有已知的强子都是由这三种夸克及其反粒子组成。由于夸克模型能够成功地解释许多已知事实，把极为复杂的事情变得非常简单，所以这一模型立即得到人们的普遍重视。20 世纪 70 年代，理论和实验的深入研究表明，应该存在 6 种夸克，除了之前的上夸克（u）、下夸克（d）和奇异夸克（s）外，还应该有粲夸克（c）、底夸克（b）和顶夸克（t）。

1974 年，美籍华裔物理学家丁肇中和美国物理学家里希特（Richter）分别独立地发现了粲夸克。它是通过发现 J/$\psi$ 粒子实现的。J/$\psi$ 粒子由粲夸克和反粲夸克组成，J/$\psi$ 粒子的质量是质子的 3 倍多，平均寿命比其他质量相近的重介子要长 1000 倍左右。1977 年美国物理学家莱德曼通过发现 $\Psi$ 粒子，从而证实了底夸克的存在。1994 年 4 月，美国费米国家实验室的 CDF 实验组宣布观察到了顶夸克存在的实验证据，出于审慎，当时没有使用“发现”一词。直到 1995 年 3 月，CDF 实验组寻找到了更多的实验证据，并且另一实验组 D0 组用不同的方法也找到了顶夸克的衰变事例，于是宣布了顶夸克的发现这一重大成果。

# 第 13 讲　粒子物理及粒子实验简介

## 13.1　引　　言

世界是什么构成的和物质是由什么组成的这一根源性问题一直是物理学家科学研究的主要内容。

### 13.1.1　物质结构的层次

物理学是研究物质、能量和它们的相互作用的科学。物质结构在尺度上和能量上都呈现不同的层次，从宇观到宏观（图 13.1），从宏观的物体到微观的大分子、分子、原子、原子核，一直到夸克……在物理学研究的发展过程中，按物质的不同存在形式和不同运动形式逐渐产生了许多分支学科，如天体物理、空间物理、地球物理、固体物理、等离子体物理、凝聚态物理、分子物理、原子物理、原子核物理、粒子物理等。随着人类对自然界认识的深入，物理学研究不断扩展和深入，各分支学科之间开始相互渗透。同时，物理学也和其他学科相互渗透，产生一系列交叉学科，如化学物理、生物物理、大气物理、海洋物理、粒子天体物理等。

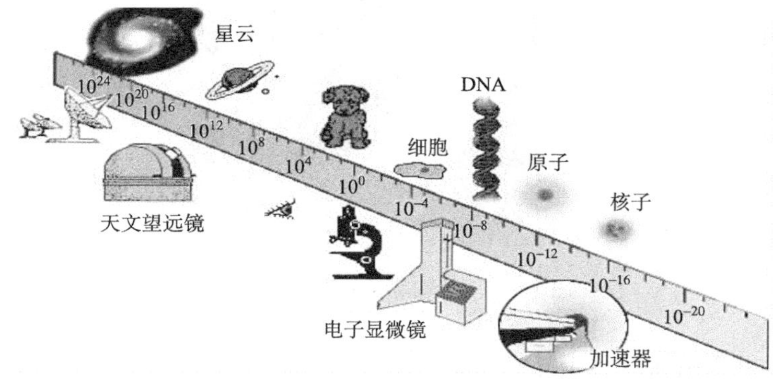


图 13.1　从宏观星云到微观粒子的对应尺度和相应探测手段（单位：m）

### 13.1.2　粒子物理学

粒子物理学，又称高能物理，是研究物质组成最小单元——基本粒子的性质和其相互作用规律的一门学科，是物理学的一个分支学科。其研究对象是比原子核更深层次的微观世界中物质的结构性质，以及在很高的能量下这些物质相互转化的现象、产生这些现象的原因和规律。

## 13.2　物质的构成学说

### 13.2.1　从原子学说到夸克模型

物质是由什么构成的呢？公元前4世纪，古希腊学者德谟克利特提出了原子学说，他认为万物都是由原子组成的，原子是不可分割的最小微粒（希腊文“原子”的意思是不可分割）。我国战国时代的学者惠施提出“至小无内，谓之小一”的观点（图13.2），意思是最小的物质是不可分的。但是他们都没能说明原子或“最小的单元”具体是什么。

图13.2　我国战国时代学者惠施

英国科学家道尔顿把原子学说第一次从推测转变为科学概念。关于原子内部细微结构——从原子到夸克的发现过程请参见第12讲。

1994年，美国费米实验室的CDF组在质子-反质子对撞机上发现了一个最重的夸克，质量为176 GeV，取名为顶夸克（top），用字母t代表（图13.3为卡通示意图）。科学家们相信这是最后一种夸克了，已经可以得出夸克的完整图像。

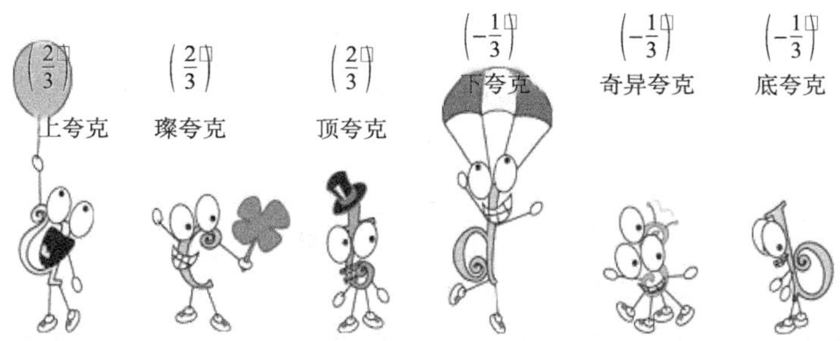


图 13.3　对夸克种类的卡通描述

正如群居的大象，夸克也群居，从不单独存在，它们群居所形成的复合粒子称为“强子”（hadron），虽然夸克带有分数电荷，但强子的电荷是整数。强子有两类：重子（baryon）和介子（meson）。

### 13.2.2　新相互作用形式的引入

我们知道，物质间的相互作用有引力、电磁作用力。汤川的理论被证实以后，原子核内相互作用的理论研究开始活跃起来。人们认为有两种完全不同的核作用力：一种是强相互作用，是以 π 介子传递方式产生的相互作用具有强度极大、独立于电荷、作用距离和作用时间极短的特点；一种是弱相互作用，这种弱核力导致了原子核的不稳定性，同时控制着原子核的衰变或放射性，称为 β 衰变。

### 13.2.3　轻子家族

参与强相互作用的强子是由夸克组成的，那么不参与强相互作用的轻子（lepton）是由什么组成的呢？随着研究的深入，科学家们陆续发现了其他轻子。标准模型根据自旋将粒子分成费米子和玻色子两大类，就好像世界上人类的性别一样重要。费米子（指组成物质的粒子，如轻子中的电子、组成质子和中子的夸克、中微子），有半整数自旋（如 1/2，3/2，5/2 等）；玻色子（指传递作用力的粒子，如传递电磁力的光子、介子、传递强核力的胶子、传递弱核力的 W 和 Z 玻色子）有整数自旋（如 0，1，2 等）。自旋的差异使费米子和玻色子有完全不同的特性。费米子拥有半整数的自旋并遵守泡利不兼容原理；玻色子则拥有整数自旋而并不遵守泡利不兼容原理。

### 13.2.4　物质的三代之谜

费米子可以分为三个“世代”（图 13.4）。第一代包括电子、上及下夸克及电子中微子。所有普通物质都是由这一代的粒子所组成；第二及第三代粒子只能在高能量实验中制造出来，且在短时间内衰变成第一代粒子。这些粒子排列成三代是因为每一代的四种粒子与另一代相对应的四种粒子的性质几乎一样，唯一的区别就是它们的质量。电子与电子中微子，以及在第二、三代中相对应的粒子，统称为轻子。轻子没有“色”的性质，它们的作用力（弱力、电磁力）会随距离增加变得越来越弱。相反，夸克间的强力会随距离增加而增强，夸克只会在色荷为零的组合中出现，这些不同的组合统称为“强子”。强子分为两种：由三个夸克组成的费米子，即重子（如质子及中子）；以及由夸克-反夸克对所组成的玻色子，即介子（如π介子）。

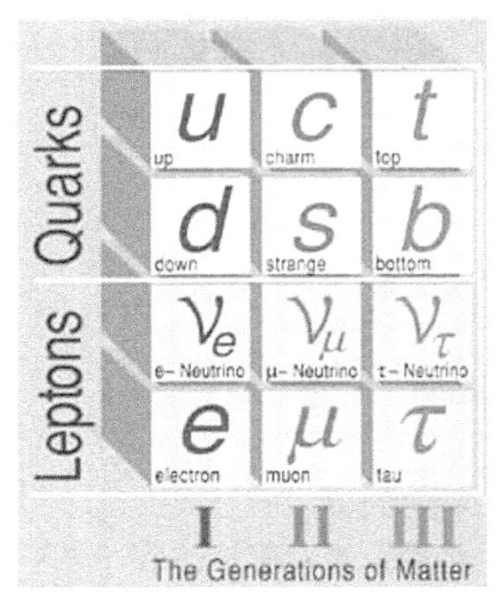

图 13.4　夸克三代和轻子三代图表

### 13.2.5　夸克和轻子有没有再深的内部结构

到目前为止，实验上还没有发现任何表明电子、中微子有内部结构的迹象。但是科学家们一直从实验和理论两方面对夸克和轻子的内部结构进行研究，有理由相信总有一天会有重大突破。

当美国费米实验室 1995 年 3 月 2 日向全世界宣布发现了“顶夸克”时，标准模型所预言的 61 个基本粒子中的 60 个都已经得到了实验数据的支持与验证，标准模型中最后一种未被发现的粒子就是希格斯粒子。

首个与标准模型不相符的实验结果在 1998 年出现：日本超级神冈中微子探测器发表有关中微子振荡的结果显示中微子拥有非零质量，因为零质量粒子以光速行进而不会感受到时间的推移。

标准模型预言的希格斯粒子是自旋为零的玻色子，是整个标准模型的基石，如果希格斯粒子不存在，意味着整个标准模型将失效。希格斯粒子极不稳定，如果它确实存在，它会在碰撞后十亿分之一秒的时间内衰变。因此，捕捉希格斯粒子极不容易，科学家们已为此做了多年的努力，下决心要找到这个神秘的粒子。

2003 年，科学家们试图通过美国费米实验室的正负质子对撞机，让质子与反质子相互对撞分析出希格斯粒子的运动轨迹，来证实或否定欧洲核子中心先前的实验结果。但由于计划从旧实验中回收反质子的方案不可行，且运行 20 年之久的正负质子对撞机也到了需要更新的阶段，需要很长的时间来修复，此项研究遇到了挫折。

### 13.2.6 标准模型的解释

标准模型的建立是 20 世纪物理学取得的最重大成就之一。迄今为止，标准模型被认为是最有效的一个唯象理论，经受了相当成功的实验检验。但标准模型仍然存在着许多基本的疑难问题有待解决，如希格斯粒子的存在和本质、粒子质量的来源、夸克和轻子更深层次的特征标度、标准模型更深层次上的基本规律等。

标准模型认为物质和反物质是对称的，但宇宙中的物质比起反物质多出很多。标准模型对重力的忽略，未能为宇宙开始时的宇宙膨胀找出一个机制。

标准模型并不容纳非零质量的中微子，它假设宇宙中只有左旋中微子（相对于运动轴，其自旋方向为逆时针）。如果中微子质量非零，它们的行进速度会小于光速。这样，理论上就可以超越一颗中微子，以致可以选择一个令这颗中微子运动方向颠倒而自旋不变的参考系，导致它变为右旋。物理学家为此修定标准模型，加入更多的自由参数以准许中微子带质量。新的模型仍称为标准模型。超对称理论是标准模型的一个延伸，它提出传统模型中的每一种基本粒子都有一个大质量、超对称的伙伴。超对称粒子被视为对暗物质的其中一个解释。

### 13.2.7 大统一理论

一个由印度和日本科学家组成的实验小组，在地下 3000 m 的柯拉金矿的废矿井中进行的实验却传出佳音。两年内共发现 6 个质子衰变的事例，其中 3 个认为是比较可靠的。据此推算，质子的平均寿命约为 $7\times10^{30}$ 年，与大统一理论相符。但这一实验结果比较粗糙，没有得到公认。质子是否衰变尚在探索之中 。

1999 年，日本超级神冈的实验并未能深测到质子衰变，还有一些实验也对大统一理论做出了不利的结论。这至少说明大统一理论要走相当长的路才能成为一个有效的理论。

为了克服大统一模型的缺点，科学家们对于是否存在着更大的对称性更加关注。1973 年时有人提出来一个巧妙的数学结构，称为超对称（super-symmetry）理论。按照这一理论，费米子和玻色子都填入同一线性表示中，通过规范作用可以互相转化。为了达到这一目的，理论不得不在已知的微观粒子基础上引入大量配偶粒子。超对称理论形式十分美妙，可惜这些配偶粒子至今都没有找到。

为了把引力也统一进来，把引力作用也理解为一种规范作用，1976 年有人提出新的对称概念，称为超引力（super-gravity）理论，它与超对称并不一样，可是有密切关系。

1984 年又有人提出了超弦（super-string）理论。超弦理论认为微观粒子不是一个点，而是一条弦，并在弦的基础上形成一套量子化方法，但由于数学上的困难，一些基本参数暂时还算不出来。弦理论预言宇宙除了三维空间外，还存在着额外维空间。

20 世纪 90 年代，有人在 10 维空间弦理论的基础上提出了 11 维空间的膜（M）理论。膜理论认为人们直接观测所及的好似无边的宇宙是 10 维时空中的一个四维超曲面，就像薄薄的一层膜。膜理论使一些原本难以计算的东西可以用弦论工具来做严格的计算了。

大统一理论还有许多问题有待于探索和研究。虽然大统一理论还未获得成功，但是寻找四种相互作用统一的研究工作不会中断，科学家们仍在不断努力。

## 13.3 我国的粒子物理实验研究

20 世纪 50 年代，我国国内还没有粒子物理研究基地，中国科学家只能参加苏联杜纳联合核子研究所的粒子物理研究工作。中国为此要承担杜布纳研究所四分之一的费用。中国科学家一直酝酿在国内建立中国自己的粒子物理研究基地。

### 13.3.1 北京正负电子对撞机实验

在周恩来总理的亲自关怀下，1973 年中国科学院高能物理研究所正式成立。1988 年 10 月，北京正负电子对撞机竣工，1990 年 10 月投入运行。它由直线注入器、储存环、北京谱仪、北京同步辐射装置组成（图 13.5）。

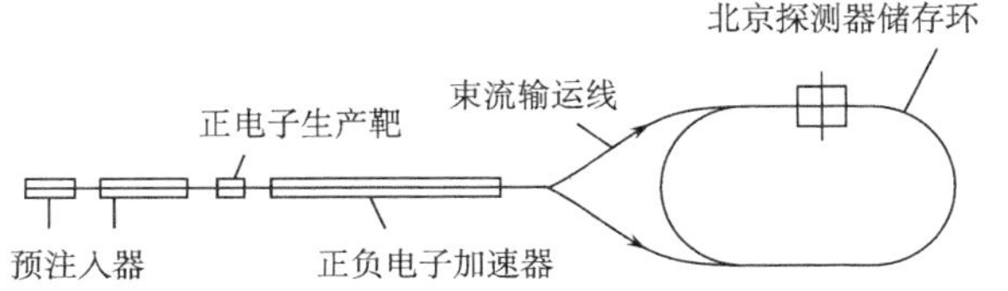


图 13.5 北京正负电子对撞机核心部分和简易原理图

2003 年 3 月，国家发展计划委员会正式批准了北京正负电子对撞机重大改造工程项目，工程总投资估算为人民币 6.4 亿元，项目建设期 5 年。在较短的时间内对加速器和探测器进行重大改造，将对撞机的亮度提高 1～2 个数量级，保持其在科学上的竞争力，继续在国际高能物理研究的最前沿发挥重大作用。

### 13.3.2　羊八井宇宙线探测实验

与此同时，我国还开展了宇宙线粒子物理研究，在西藏羊八井建立了国际宇宙线观测基地（图 13.6）。意大利和日本科学家合作建立了先进的大型宇宙线探测器（中意 ARGO 实验与中日 ASγ 实验），并取得了一批重要观测结果。

图 13.6　西藏羊八井宇宙线观测站

## 13.4　粒子物理研究的前景

物质微观结构的探索永远是物理学的前沿，是带动各学科发展的最重要的研究方向。粒子物理有许多未解决的问题需要研究。例如，粒子质量起源，超对称有没有？暗物质、暗能量是什么？等等。从实验的角度讲，粒子物理的发展可分为依赖于加速器的粒子物理和不依赖加速器的粒子物理。

### 13.4.1　依赖于加速器的粒子物理

随着技术的进步和经济的快速发展，目前，世界上的加速器发展的两个显著特点是向高能量、高亮度发展。欧洲大型强子对撞机 LHC（图 13.7），能量为 7 TeV + 7 TeV的质子-质子对撞机（1 TeV=$10^{12}$ eV）。主要任务是寻找和粒子质量起源有关的希格斯粒子和超对称伴子。所谓超对称是指费米子和玻色子对称。每个费米子都有相应的玻色子（超对称伴子），反之亦然。重的超对称伴子可能是宇宙空间冷暗物质的候选者。

图 13.7　LHC 大型强子对撞机加速环示意图

宇宙空间暗物质约占 23%，主要是冷暗物质，重子约占 4%，可见物质（星、尘）<1%，另外 73%是暗能量。最新实验表明，宇宙在加速膨胀，并且可能是平坦的。目前国际上正在讨论建造能量更高的正负电子直线对撞机 ILC，单束能量在 500 GeV～1 TeV，研究的问题和 LHC 相近。

向高亮度发展，有 B 介子工厂（正负电子对撞机）：日本的 KEK（3.5 GeV+8 GeV）；美国的 SLAC（3.1 GeV + 9 GeV）。这两个对撞机可产生大量 B 介子，用来研究 CP 不守恒的起源等问题，运行以来取得了许多重大研究成果。

### 13.4.2　非加速器粒子物理（不依赖加速器的粒子物理）

日本超级神冈用宇宙线在大气中微子实验发现中微子有振荡，表明中微子质量不为零。太阳中微子失踪的实验也证实中微子质量也不为零。世界各国都在建造大型中微子探测器来研究大气中微子、太阳中微子和核反应堆出来的反中微子的振荡问题。中国的大亚湾反应堆中微子实验就是利用核反应堆产生的反中微子来测量中微子混合角 $\theta_{13}$。同时，各国也在建造大型宇宙线探测器，包括几平方千米到几百平方千米的大型阵列探测器（如西藏羊八井探测器阵列），来研究高能宇宙线的广延大气簇射和宇宙线起源等问题。

### 13.4.3　理论研究近年来取得了重大进展

近年来，随着实验的推进，粒子物理的理论研究也取得了重大进展，主要表现在以下方面。

1. 弱力和电磁力可统一

自然界的四种力用弱力和电磁力规范理论来统一描述，已经取得巨大成功，经受了所有实验的检验！强作用（核力）理论——量子色动力学（QCD）也取得巨大成功，迄今为止，所有实验与 QCD 预言一致！已有标准模型来描述强、弱、电磁三种力。

2. 强、弱、电磁三种力的大统一

强、弱、电磁力在低能区为三种不同的力，到极高能统一成一种力，理论上还在探索用超对称统一的可能性。

3. 超对称和超引力理论

超对称理论是唯一可以把强、弱、电磁三种力的耦合常数在极高能量下统一交于一点的大统一理论，并且可以解决质子衰变太快的问题。更重要的是，超对称可以保持质量等级不受高阶修正的影响。超对称理论是很有希望的理论。超引力是把已有的引力理论超对称化。

4. 超弦理论和膜理论

超弦理论是人们抛弃了基本粒子是点粒子的假设而代之以基本粒子是一维弦的假设而建立起来的自洽的理论，认为自然界中的各种不同粒子都是一维弦的不同振动模式。超弦理论要求引力存在，也要求规范原理和超对称。超弦理论最吸引人之处是：将自然界四种相互作用力统一起来。超弦理论对时空维数的要求，变成了 10 维而不再是四维（肉眼所看到的物体是三维空间，加上时间维度则是四维）。膜理论是弦理论的扩充，膜理论揭示了弦理论的第 10 维空间方向，其最大维度是 11 维。

5. 额外维理论

弦理论证明了额外维的思想，基于的也是额外维的思想。超弦理论的数学原理显示：人们认知的世界是不完整的，除了熟知的四维（三维空间和时间）空间之外，宇宙还存在 6 个额外维空间，这六个“隐藏的”空间卷曲在宇宙所有单点上的微型几何形态之中。

### 13.4.4　粒子物理面临的难题

宇宙大尺度观测已达到 130 亿光年（1 光年等于光线走一年的距离，约等于 $10^5$亿 km)。但是我们没有看到宇宙的“边”，宇宙往大的方向延伸是无限的！宇宙小尺度观测，已经可以看到千万万亿分之一厘米（$10^{-19}$ cm)，也没寻到“头”，还可往小走。宇宙往小的方向延伸也是无限的。最微小的粒子与最大的宇宙，即微观和宏观世界的两个前沿研究逐步结合在一起。微观世界的研究成果很多已经用于研究宇宙早期的形成与发展过程，如为什么宇宙中只有物质而没有反物质可以用 CP 破坏机制来解释。宇宙中的暗物质和暗能量到底是什么，也需要粒子物理去解释。很多新兴交叉学科出现了，如粒子天体物理、粒子宇宙学、中微子天体物理等。粒子物理学在 2006 年被美国国家高能物理顾问专家组重新定义为“物质、能量、时间和空间的科学”，非常准确，反映了学科交叉的时代特征。

粒子物理面临十大问题悬而未解：

（1）是否存在未发现的自然规律，如新的对称性和新的物理规律？

（2）是否存在额外维空间？

（3）能否把自然界所有的力统一为一种力？

（4）为什么存在如此多的种类不同的粒子？

（5）为什么夸克和轻子只有三代？粒子质量的起源是什么？

（6）什么是暗物质？如何在实验室中产生它？

（7）什么是暗能量？

（8）中微子能给我们什么启示？它如此微小的质量及其在宇宙演化中的作用实在是个谜。

（9）宇宙是如何形成的？如果宇宙大爆炸理论是对的，那么大爆炸之前是什么？

（10）为什么今天宇宙中只有物质而没有反物质？

要回答这些问题需要粒子物理学家和天体物理学家共同努力，前面的路依然很长！

（本章部分内容来源于中国科学院高能物理研究所网站，特此致谢）

# 第 14 讲　磁性材料中的磁畴

本讲首先简单复习一些磁学基础知识，然后介绍磁畴的概念，以及石榴石磁泡材料磁畴和磁晶各向异性的观测方法。

## 14.1　引　　言

### 14.1.1　物质按磁性分类

在中学物理课本中对于磁性材料分类做了简单介绍：实验表明，任何物质在外磁场中都能够或多或少地被磁化，只是磁化的程度不同。根据物质在外磁场中表现出的特性，物质可粗略地分为三类：逆磁性物质、顺磁性物质、铁磁性物质，见表 14.1。

**表 14.1　磁性材料特性表**

| 类别 | 逆磁性物质 | 顺磁性物质 | 铁磁性物质 |
|---|---|---|---|
| 被磁化后磁性的强弱 | 很弱 | 很弱 | 很强 |
| 被磁化后的磁场方向 | 使外磁场稍有减弱 | 使外磁场有增强 | 使外磁场大大增强 |
| 外磁场撤去后 | 磁性几乎完全消失 | 磁性几乎完全消失 | 剩余一部分磁性 |
| 典型代表物质 | 金属铜、银、铋等 | 金属锰、铬、铝等 | 金属铁、钴、镍及其合金，铁氧体等 |

在磁学中又把铁磁性物质分为铁磁性、亚铁磁性和反铁磁性物质，它们与逆磁性、顺磁性物质的一些特点见表 14.2 和表 14.3。

**表 14.2　五类磁性物质的磁化率特点和典型材料举例**

| 类别 | 举例 | 磁化率数量级 | 磁化率的温度关系 |
|---|---|---|---|
| 逆磁性 | Cu，Ag | $\sim 10^{-6}$ | 不随温度变化 |
| 顺磁性 | Al | $10^{-6}\sim 10^{-4}$ | $\chi=C/T$（居里定律） |
| 铁磁性 | Fe，Co，Ni | $10^{5}$ | 在居里温度 $T_C$ 以上（变为顺磁性），$\chi=C/(T-T_C)$（居里-外斯定律） |
| 亚铁磁性 | $CoFe_2O_4$ | 小于 $10^{5}$ | |
| 反铁磁性 | $LaMnO_3$ | $10^{-6}\sim 10^{-4}$ | 在奈尔温度 $T_N$ 以上（变为顺磁性），$\chi=C/(T-T_N)$ |

表 14.3　五类磁性物质原子磁矩的特点

<table>
<tr><th>固有<br>磁矩</th><th>磁畴</th><th>畴内原子<br>磁矩方向</th><th>畴内<br>总磁矩</th><th>类别</th></tr>
<tr><td>无</td><td>—</td><td>—</td><td>—</td><td>逆磁性</td></tr>
<tr><td rowspan="4">有</td><td>无</td><td>—</td><td>—</td><td>顺磁性</td></tr>
<tr><td rowspan="3">在居里温度以下有</td><td>相同</td><td>很大</td><td>铁磁性</td></tr>
<tr><td rowspan="2">不同<br>（如反平行）</td><td>略小</td><td>亚铁磁性</td></tr>
<tr><td>趋于零</td><td>反铁磁性</td></tr>
</table>

把逆磁性物质和顺磁性物质称为弱磁性材料，把铁磁性物质称为强磁性材料。通常所说的磁性材料是指强磁性物质。磁性材料又分为软磁材料、硬磁材料、磁记录材料等。纯铁是典型的软磁材料，永磁体是典型的硬磁材料，用于制作磁盘和磁带的磁粉是磁记录材料。

### 14.1.2　磁化强度、磁场强度和磁感应强度

通常用单位体积的磁矩 $M$ 来描述物质磁性的强弱，$M$ 称为磁化强度。任何材料的磁性都可以用 $M$ 随磁场强度 $H$ 变化的方式来表征，为此，又常用物质的磁化率 $\chi$ 或磁导率 $\mu$ 来反映物质磁性的特点。

$$M = \chi H$$

$$B = \mu_0(H + M) = \mu_0(1 + \chi)H = \mu_0 \mu H$$

式中，$\mu=1+\chi$。由于 $M$ 是单位体积的磁矩，所以由上式定义的 $\chi$ 称为体积磁化率。在 SI 制中，由于 $M$ 和 $H$ 的单位都是安培·米$^{-1}$（A·m$^{-1}$），因此 $\chi$ 是无量纲的纯数。磁感应强度 $B$ 的单位是特斯拉（T），$\mu_0$称为真空磁导率，$\mu_0=4\pi\times10^{-7}$ H·m$^{-1}$，$\mu$ 称为相对磁导率，是无量纲的纯数。在科技文献中，也常用真空中的磁感应强度 $\mu_0 H$ 表示磁场强度，单位用特斯拉（T）或毫特斯拉（mT）。

### 14.1.3　磁滞回线

磁性材料磁化强度随磁场变化的关系称为磁滞回线，可以用振动样品磁强计（图 14.1）或物理性质综合测量系统（图 14.2）等仪器测量。测量粉末材料的磁化强度通常用单位质量的磁矩表示，称为比磁化强度。图 14.3 是一种铁氧体粉末的磁滞回线，即比磁化强度随磁场变化的曲线。图中 $\sigma_s$、$\sigma_r$ 和 $H_c$ 分别称为比饱和磁化强度、比剩余磁化强度和矫顽力，它们是磁性材料的重要参量。对于硬磁材料来说，剩余磁化强度和矫顽力越大越好，对于软磁材料来说，剩余磁化强

度和矫顽力越小越好。磁记录材料则要求具有适当的剩余磁化强度和矫顽力，矫顽力太小时，信息容易丢失，矫顽力太大时信息不容易删除。

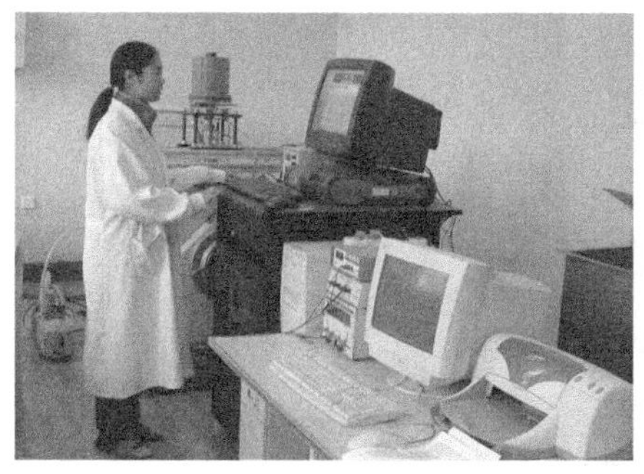

图 14.1　振动样品磁强计

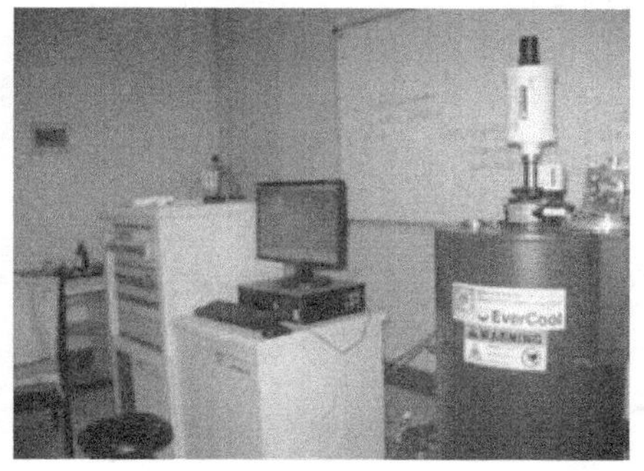


图 14.2　物理性质综合测量系统

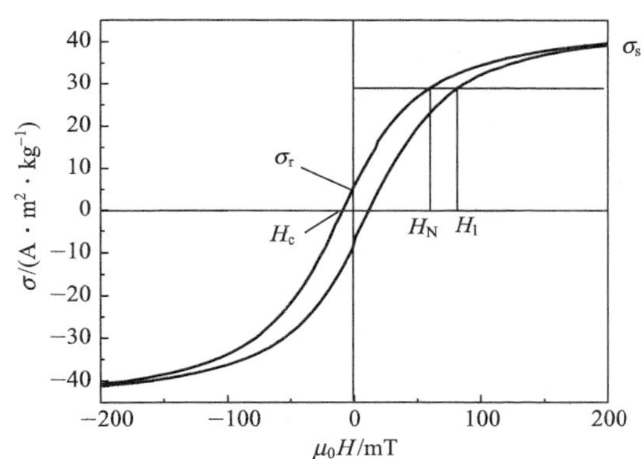


图 14.3　一种铁磁材料的磁滞回线

## 14.2　磁　　畴

### 14.2.1　磁畴和磁畴壁的概念

（1）磁畴的定义。铁磁性物质中包含有许多小区域，即使没有外磁场，这些区域中也有磁化强度。这些具有自发磁化强度的小区域称为磁畴。

（2）形成磁畴的原因。根据外斯的内场理论，磁畴内的自发磁化，是由晶体中很强的内场而产生的。铁磁物质中各原子磁矩，在内场的作用下，克服热运动的影响而趋向于相互平行取向，因而产生自发磁化。内场本质上是原子间电子的交换作用引起的。

（3）磁畴壁。布洛赫认为，当一个磁畴过渡到另一个磁畴时，原子磁矩的方向并不是突然转变的，而是经过一个逐渐过渡的区域，图 14.4 所示的过渡区域为布洛赫壁。

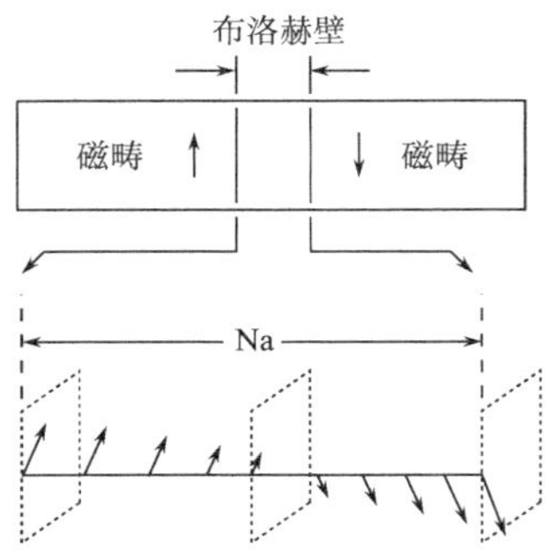


图 14.4　磁畴方向转变示意图

（4）磁畴的转动和磁畴壁的移动。在外磁场作用下，磁畴变化过程有两种：一是转动，此时磁畴仅仅改变方向，大小没有变化，如图 14.5（c）所示；二是磁畴壁发生移动，此时磁畴的方向不变，体积发生变化。如图 14.5（b）所示。

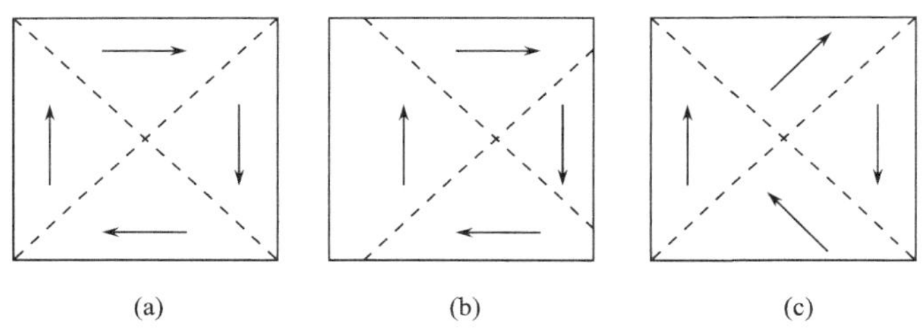


图 14.5　磁畴变化示意图

### 14.2.2　磁畴的能量

研究磁畴的稳定性时，必须考虑下列能量：

（1）磁畴处在外磁场中的静磁能 $U_{\mathrm{m}}$。一个磁畴就像若干个平行排列的磁偶极子，它处在外磁场中，会受到外磁场对它的一个力矩，因而具有一定的能量。对磁化强度为 $\boldsymbol{M}$ 的磁性体，单位体积中的偶极矩 $\boldsymbol{J}=\mu_0\boldsymbol{M}$，当这样的磁性体处在外磁场 $\boldsymbol{H}$ 中时，单位体积中的外场能是

$$U_{\mathrm{m}}=-\boldsymbol{J}\cdot\boldsymbol{H}=-\mu_0\boldsymbol{M}\cdot\boldsymbol{H} \tag{14.1}$$

（2）退磁场能 $U_{\mathrm{d}}$。物体磁化后，如果出现磁极，在其内部就产生一种磁场。它的方向与磁化方向相反，因而有减退磁化的作用，所以称为退磁场。单位

体积中的退磁场能用 $U_d$ 表示，关于退磁场能的计算很复杂，不仅磁畴表面上的磁极在磁畴中产生退磁场，而且磁畴周围区域的表面磁极也会对磁畴有作用。

（3）各向异性能。实验证明，当施加相同的磁场于不同的晶向时，得到的磁化强度不同，说明某些方向易磁化，另一些方向难磁化。我们把沿某方向磁化所需要的能量同沿最易磁化方向所需要的能量之差定义为磁晶能或各向异性能，这种能量的存在意味着原子磁矩的取向与晶体结构有关。铁是体心立方结构，易磁化方向是［100］，即立方体的四度轴方向。镍是面心立方结构，易磁化方向是［111］，即立方体的体对角线或三度轴方向。钴是六角晶体，它的易磁化方向沿六度对称轴。

（4）交换能 $U_{ex}$。海森伯注意到多电子体系的能量中有一项依赖于电子的自旋取向，这部分能量称为交换能，它在铁磁物质中起着极为重要的作用。一对原子的交换能同它们自旋磁矩 $S_1$、$S_2$ 的相对取向有关，可以表达如下：

$$U_{ex}=-2A\boldsymbol{S}_1\cdot\boldsymbol{S}_2/\hbar^2 \tag{14.2}$$

（5）磁畴壁能。这不是一项独立的能量，而是在磁畴壁区域中，交换能与各向异性能之和。设相邻两个磁畴的磁化方向的夹角为 $\theta$，是通过 $N$ 个原子逐渐过渡的，由式（14.2）可推得，在磁畴壁中增加的交换能是

$$U_{ex}=\frac{1}{N}\frac{AS^2\theta^2}{\hbar^2/4\pi^2} \tag{14.3}$$

式中，$A$ 是交换积分。可见 $N$ 越大（即畴壁越厚）交换能的增量越小，然而磁畴壁太厚，沿非最优方向排列的自旋数目增多，使各项异性能增加了。为了使总能量取最小值，二者得失需全面考虑。设磁畴壁厚度是均匀的，磁畴壁每单位面积的能量为

$$\sigma=\sigma_{交换}+\sigma_{各向异性} \tag{14.4}$$

### 14.2.3　磁泡畴

20 世纪 70 年代，发展起一种磁泡存储技术，在其后一个时期内它在的存储技术中占有相当重要的地位。磁泡存储器具有信息的非易失性、非机械性、体积小、坚固耐用等优点，在军事、航天、通信和工业自动化等领域应用很多。磁泡材料的一个突出特点是其磁畴可以在偏光显微镜下看得十分清楚。

所谓磁泡，就是在石榴石磁性薄膜中形成的一种圆柱畴。石榴石磁泡薄膜属于亚铁磁体，其典型样品的标称成分为 $(YSmCa)_3(FeGe)_5O_{12}$，除 O 外，其他成分可作适当替换和增减，所得材料的性能有所差别。一般利用液相外延法把石榴石磁泡薄膜生长在 $Gd_3Ga_5O_{12}$ 基片上。磁泡内外磁化方向相反，如图 14.6 所示。

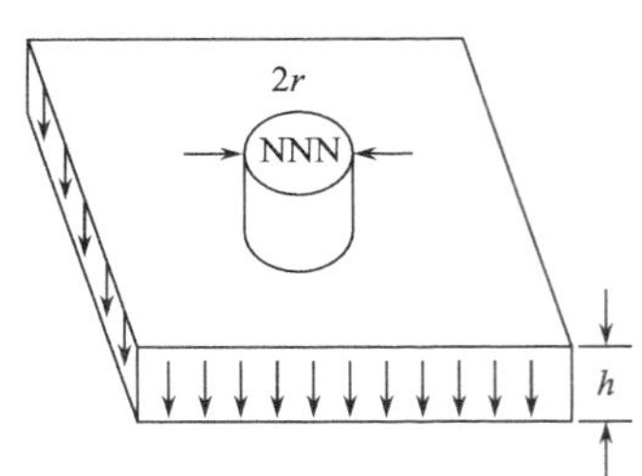

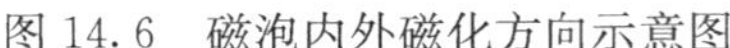

图 14.6　磁泡内外磁化方向示意图

图 14.7　迷宫畴

在没有外磁场时，可以观察到薄膜中的许多蜿蜒曲折的条状磁畴，称为迷宫畴，它由一些明暗相间的条状磁畴构成，两者的面积大体相等，如图 14.7 所示。如果在垂直于膜面的方向上，加上直流外磁场 $H_b$（称为直流偏场），则磁化方向平行于外磁场的磁畴面积就要扩大，反平行于外磁场的畴面积就要缩小，在适当的直流偏场 $H_B$（称为切泡场）作用下，再给样品施加以脉冲偏场 $H_P$，可以将蜿蜒曲折的条状磁畴“切割”成段畴，如图 14.8 所示。

图 14.8　段畴

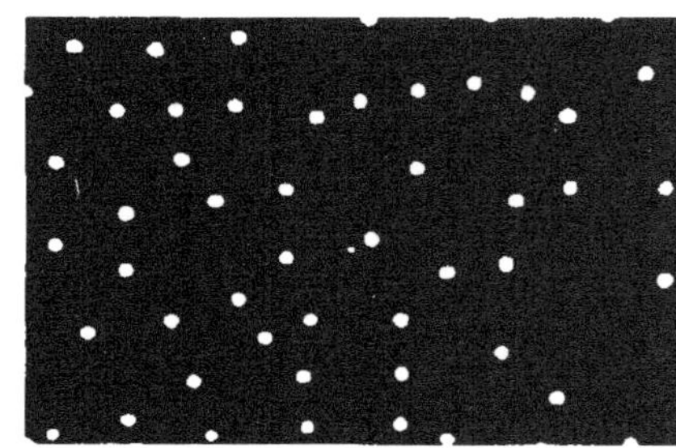

图 14.9　圆柱状泡畴

如果继续增加 $H_b$，段畴进一步变形、缩短，最后缩成圆柱状畴，好像水面上浮着的水泡，所以称为磁泡，如图 14.9 所示。继续增加 $H_b$，磁泡会逐渐缩小，直至最后缩灭。磁泡的最大直径由材料性质和膜厚决定，它的大小直接影响磁泡存储器的存储密度。在常规磁泡存储器材料中，磁泡的泡径可控制为 0.5～10 $\mu$m，泡径越小，存储密度越大。

设在膜厚为 $h$、饱和磁化强度为 $M_S$ 的膜面内，有一个半径为 $r$ 的圆柱状磁泡，在偏场 $H_b$ 作用下，其总能量为

$$U = U_w + U_m + U_d = 2\pi rh\sigma + 2\pi r^2 h\mu_0 M_S H + U_d \tag{14.5}$$

式中，第一项是畴壁能，第二项是静磁能，第三项是退磁能。前两项能量形成一

个使磁畴缩小的力，第三项能量形成一个使磁畴增大的力，在热力学平衡时，磁泡能量应取最小值（$\mathrm{d}U/\mathrm{d}r=0$），据此，可推得磁泡静态方程的一般形式为

$$\frac{l}{h}+\frac{d}{h}\cdot\frac{H}{M_{\mathrm{S}}}=\frac{d/h}{1+\left(\frac{3d}{4h}\right)} \tag{14.6}$$

式中，$l=\sigma/\mu_0 M_{\mathrm{S}}^2$，称为特征长度，$d$ 是成泡直径，还利用了近似表达式

$$\frac{\partial U_{\mathrm{d}}}{\partial r}=-(2\pi h^2)(\mu_0 M_{\mathrm{S}}^2)\cdot\frac{d/h}{1+3d/4h} \tag{14.7}$$

从而可得缩灭场 $H_0$ 和缩灭直径 $d_0$ 的近似解析式为

$$H_0=\mu_0 M_{\mathrm{S}}\left[1+\frac{3l}{4h}-\left(\frac{3l}{h}\right)^{\frac{1}{2}}\right] \tag{14.8}$$

$$d_0=2h\Big/\left[\left(\frac{3h}{l}\right)^{\frac{1}{2}}-\frac{3}{2}\right] \tag{14.9}$$

## 14.3　利用偏光显微镜观察磁畴的法拉第效应法

最早用于观察磁畴的方法是粉纹法，后来出现了法拉第效应法和克尔效应法，20 世纪 90 年代以后又发展了磁力显微镜法。

偏光显微镜和普通生物显微镜的主要区别是在载物台下安装了起偏器，在目镜和物镜之间安装了检偏器。起偏器和检偏器都是偏振片。从光源发出的自然光经起偏器变为平面偏振光。

平面偏振光经铁磁物质透射，偏振面会旋转一个角度，这种现象称为法拉第效应。由于各个磁畴的磁化方向不同，各磁畴透射光线后，偏振面的旋转角也不同。如果样品中存在两个不同方向的磁畴，透过样品前的一个偏振面，就会在通过样品后变成两个偏振面。通过检偏器后，在目镜观察到的光强就有所不同，因而各磁畴的明暗程度就有差别。如果给样品加外磁场使之达到饱和磁化（这时样品中所有磁畴的磁化方向与外磁场方向完全一致）。图 14.7～图 14.9 就是利用偏光显微镜拍摄的石榴石材料的磁畴。

## 14.4　磁泡畴的产生和磁泡直径的测量

### 14.4.1　实验装置

主要实验仪器有数字电压表、偏光显微镜、脉冲信号发生器、直流稳压电源、标准电阻、直流偏场线圈、脉冲小线圈、光源等。实验装置方框图如图 14.10 所示。直流偏场线圈和脉冲小线圈的磁场方向相同，都平行于样品膜面的法线方向。

实验中，通过直流偏场线圈的电流由电流表测量，在所用范围近似为线性关系。直流偏场的磁场电流系数为 16.3 $kA \cdot m^{-1} \cdot A^{-1}$。

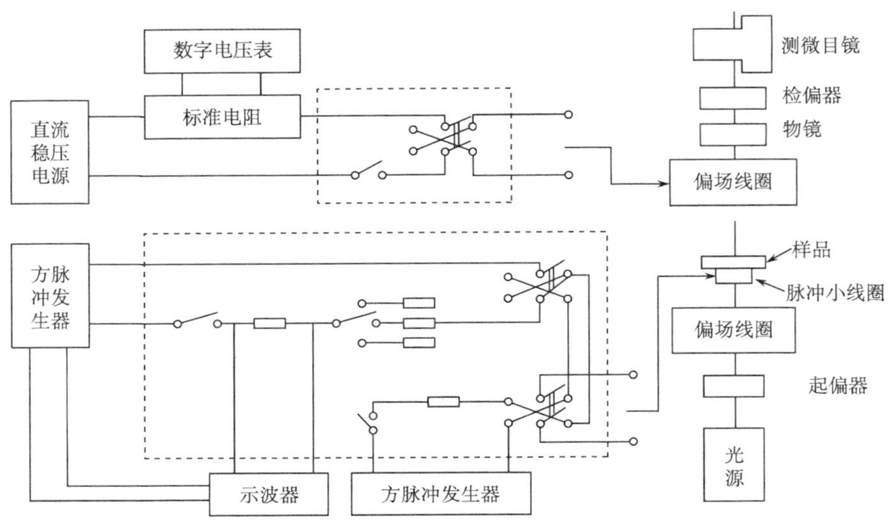


图 14.10　实验装置方框图

### 14.4.2　形核场 $H_N$ 的测量和切泡场 $H_B$ 的确定

在偏光显微镜中看到清晰的磁畴后，增加直流偏场 $H_b$，使样品饱和磁化（这时反向磁畴已全部消失，即所有磁畴的磁化方向都转变到与外磁场方向相同）。随即再降低 $H_b$，当视野中出现 1～2 对条畴时的偏场数值就是形核场，记为 $H_N$。切泡场 $H_B$ 一般选在（$H_N-0.32$）$kA \cdot m^{-1}$左右。

### 14.4.3　磁滞现象的简单观察

将 $H_b$ 降至 0，然后再缓慢增加，测出剩下 1～2 对条畴时的磁场值 $H_1$。可以认为这时样品的磁化强度与测量 $H_N$ 时近似相同，但由于磁场的变化过程不同，对应的磁场强度明显不同，如图 14.3 所示。从而可理解样品的磁滞现象。

### 14.4.4　成泡场 $H$ 的测量

把直流偏场从饱和磁化降至切泡场 $H_B$，脉冲幅度调至适当大小，将脉冲电路通断一次，使大部分条畴变为段畴，如图 14.8 所示。升高直流偏场，段畴逐渐缩短，当绝大部分变为泡畴（剩 3～5 个小段畴）时，相应的直流偏场数值为成泡场 $H$。

### 14.4.5　成泡直径 $d$ 的测量

产生段畴后，把直流偏场调至成泡场平均值，测出三个泡的直径，见图 14.9。其方法是：旋转鼓轮，将目镜中平行双线之一的一个边沿调至和欲测的那个磁泡边缘相切的位置。记下这时的读数，然后再继续旋转鼓轮，使上述线之边沿与该泡的另一边缘相切，再记下这时的读数，如图 14.11 所示。两次读数之差即为成泡直径 $d$（$n$）（目镜读数方法：视野中的数字读“百”位，鼓轮上的数字读“十”位和“个”位。单位接近微米，但还需校准。注意：在测量过程中，只能往一个方向旋转鼓轮，否则要重测）。

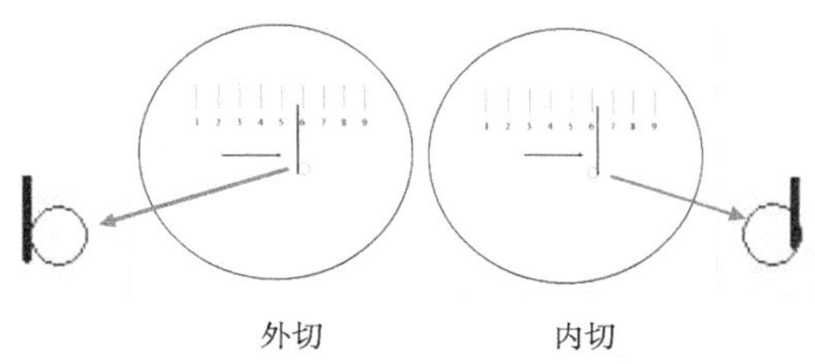


图 14.11　测量磁泡直径时扣除线宽的方法示意图

### 14.4.6　目镜读数校准

从两直流偏场线圈间取出样品架，将标尺放入(为测量方便，可移开检偏器，降低光强)。适当调节显微镜焦距，找到清晰的标尺。标尺上最小刻度间距为 10 μm。测出标尺上相距 $s$(可取 200 μm）的两条刻度上的读数 $Z_1$ 和 $Z_2$，见图 14.12。然后计算出其差 $\Delta=|Z_1-Z_2|$，校正常数 $c=$（$s/\Delta$）μm。如果采用 15 倍目镜和 10 倍物镜，$c\approx 0.87$。用上述测得的泡径乘以 $c$，所得结果单位为微米。

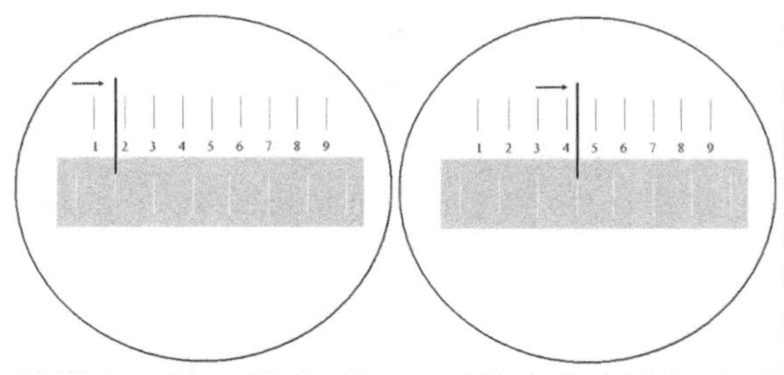


图 14.12　测微目镜读数校准示意图

## 14.5 磁晶各向异性的观测

### 14.5.1 在晶体中标记方向的方法

按照布拉维的点阵学说，晶体的内部结构可以概括为是由一些相同的点子（称为格点）在空间作有规则的周期性的无限分布。通过这些点子可以作许多平行的直线系和平面系，从而把晶体分成一些网格，这些直线系称为晶列。每一个晶列定义一个方向，称为晶向。这些网格称为晶格，一个晶格中最小的周期单元叫晶格的原胞。它的三个棱可选为描述晶格的基本矢量，用 $\boldsymbol{a}_1$，$\boldsymbol{a}_2$，$\boldsymbol{a}_3$ 表示。取某一格点为原点，则晶格中的其他任一格点 $A$ 的位矢 $\boldsymbol{R}_L$ 可表示为 $\boldsymbol{R}_L=l_1\boldsymbol{a}_1+l_2\boldsymbol{a}_2+l_3\boldsymbol{a}_3$，把 $l_1$、$l_2$ 和 $l_3$ 化为互质整数，直接用来表征晶列的方向。这样的三个互质整数称为晶列指数，记以 $[l_1l_2l_3]$。例如，对于立方体（图 14.13），其晶列可表示为：沿坐标轴及其反方向分别为 [100]、[010]、[001]、$[\bar{1}00]$、$[0\bar{1}0]$、$[00\bar{1}]$。这样六个方向，有时用符号〈100〉作概括表示，数码上方的短线代表负号。沿各面对角线及其反方向分别为 [110]、[101]、[011]、$[\bar{1}01]$、$[\bar{1}10]$、$[0\bar{1}1]$、$[1\bar{1}0]$、$[10\bar{1}]$、$[01\bar{1}]$、$[\bar{1}\bar{1}0]$、$[\bar{1}0\bar{1}]$、$[0\bar{1}\bar{1}]$共 12 个方向，用〈110〉概括。沿各体对角线及其反方向分别为 [111]、$[11\bar{1}]$、$[1\bar{1}1]$、$[\bar{1}11]$、$[\bar{1}\bar{1}1]$、$[\bar{1}1\bar{1}]$、$[1\bar{1}\bar{1}]$、$[\bar{1}\bar{1}\bar{1}]$，共八个方向，用〈111〉概括。

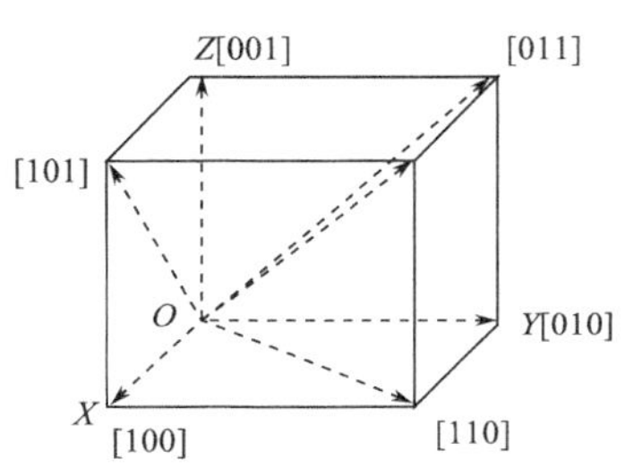

图 14.13 立方晶体的晶列表示

### 14.5.2 磁晶各向异性现象及其原因

研究铁磁体磁化强度曲线同其方向的关系后发现，对于不同元素的晶体，当施加相同的磁场于不同的晶向时，得到的磁化强度也不同。可见对于晶体，有些方向容易磁化，有些方向比较难于磁化，这就是磁晶各向异性现象。

用能量观点可以推测，易磁化方向是能量最低的方向，所以自发磁化结成的磁畴的磁矩取这些方向。在这样一个方向加外磁场，除在这个方向原有不少磁矩外，也容易把一些不在这个方向的磁矩转到这个方向来。所以在较弱的磁场下，磁化就可以很强，甚至饱和。如果在易磁化方向以外的方向加外磁场使材料磁化，那就需要把很多原来处在能量最低的易磁化方向的磁矩拉到能量较高的方向去，这就需要较多的能量。

从微观角度考虑，晶体中原子或离子的有规则排列造成空间周期变化的不均匀静电场。原子中的电子一方面受这个不均匀静电场的作用，同时邻近原子间电子轨道还有相互作用，电子轨道运动是同它的自旋耦合着的，而自旋是磁矩的来源。这就是说，磁矩的取向牵连着电子的轨道运动，而轨道运动又受晶格静电场的作用，以及邻近原子的轨道运动之间的交换作用。这种作用还随着轨道运动在晶体中取向的不同而有差异。因而磁矩在晶体中不同方向具有不同能量，这就是磁晶各向异性的成因。

基特尔曾用一幅简单的图表示上面所说的情况。图 14.14 表示排列在一条线上的原子在两种不同磁化方向的情况。图 14.14 (a) 代表磁化方向垂直于原子排成的直线，邻近原子的电子运动区有重叠，因而彼此的交换作用强。图 14.14 (b) 代表磁化方向平行于原子排成的直线，由于磁矩的取向与图 14.14 (a) 不同，邻近原子间电子运动区重叠极少，因而交换作用很弱，这样就发生了磁晶各向异性现象。

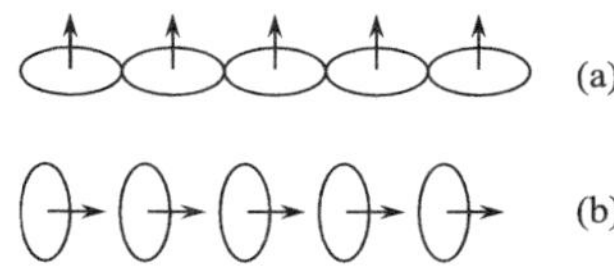


图 14.14 磁晶各异性的成因示意图

### 14.5.3 石榴石磁泡材料薄膜的晶向

石榴石材料属立方晶系。实验样品是用液相外延生长法制备的薄膜，膜面法线方向为［111］晶向。膜面内有 6 个〈110〉晶向和 6 个〈211〉晶向，如图 14.15和图 14.16 所示。

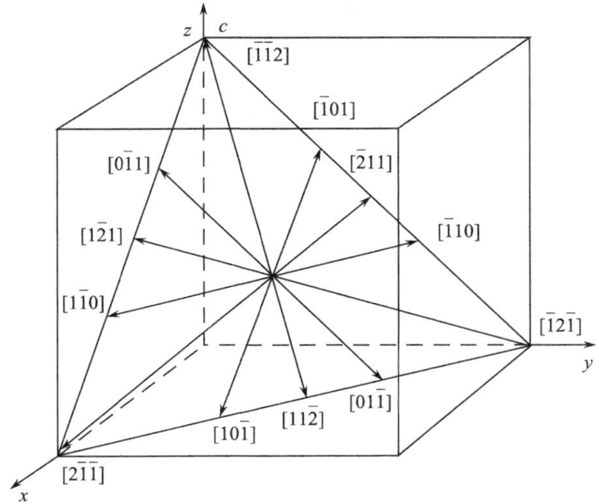


图 14.15 样品膜面及晶向

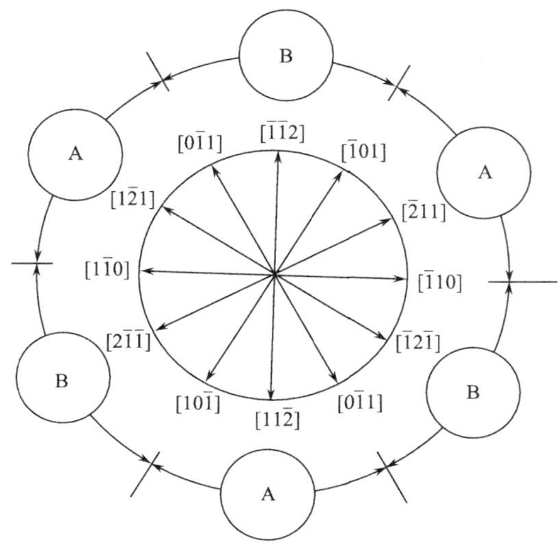


图 14.16　样品平面内退磁态周期示意图

A 为明畴区，B 为暗畴区

### 14.5.4　实验装置

所用仪器有电磁铁、直流稳流电源、数字万用表、偏光显微镜、光源等。设备方框图示于图 14.17。电磁铁的磁场在水平方向，与样品薄膜的膜面平行，称为平面内场，用 $H_{in}$表示。直流偏场线圈磁场方向与样品膜面垂直，用 $H_b$ 表示。电磁铁和直流偏场线圈分别由直流稳流电源供电。通过电磁铁和直流偏场线圈的电流由电流表测量（用电压表测量标准电阻两端的电压，可认为是把电压表变成了电流表），在所用范围近似为线性关系。直流偏场的磁场电流系数为 9.55 $kA\cdot m^{-1}\cdot A^{-1}$,平面内场的磁场电流系数为 18.2 $kA\cdot m^{-1}\cdot A^{-1}$。

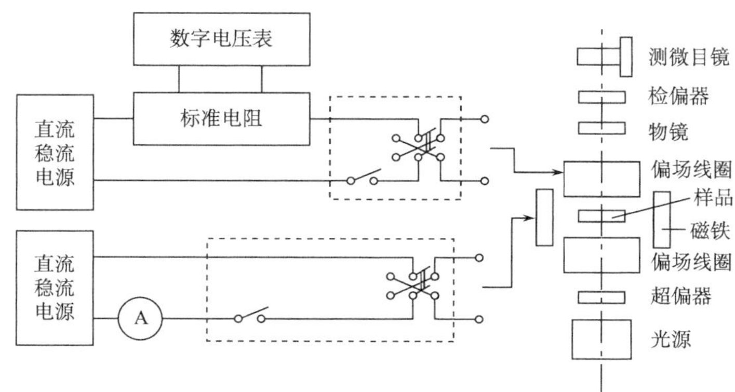


图 14.17　磁晶各向异性实验装置示意图

### 14.5.5　[111] 方向饱和磁化所需最小磁场的测量

使面内场 $H_{in}=0$，升高直流偏场 $H_b$ 至样品饱和磁化，磁场再降至零，得到迷宫畴。见图 14.18 (a)。缓慢升高 $H_b$，与 $H_b$ 平行的磁畴变宽，与 $H_b$ 反平行的磁畴变窄；继续升高 $H_b$，与 $H_b$ 反平行的磁畴逐渐减少，直至最后一条消失；这时的磁场就是 [111] 方向饱和磁化所需最小磁场（条畴消失场）$H^{*}_{K[111]}$。

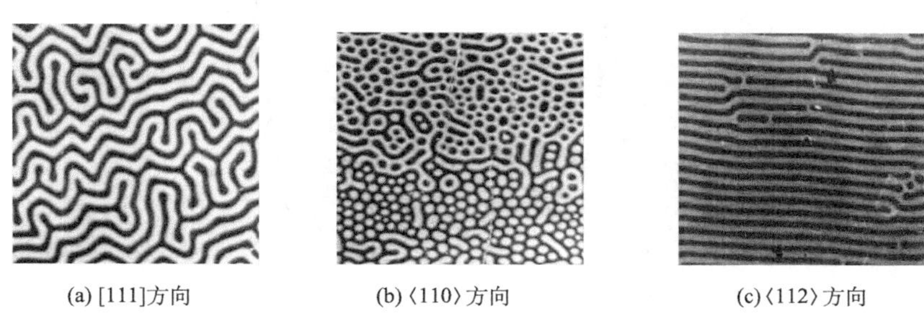

(a) [111]方向　(b) ⟨110⟩方向　(c) ⟨112⟩方向

图 14.18　沿三个典型晶向饱和磁化后磁场降回零时的剩磁态畴形

### 14.5.6　[$\bar{1}$10] 晶向的确定

加 $H_{in}$ 至饱和磁化，再降至零后观察畴形，应为黑白泡各占 50%左右，见图 14.18 (b)（否则，需转动样品下的刻度盘，重新观察）。这时，与 $H_{in}$ 平行的样品平面内的晶向就是⟨110⟩方向之一。设其为 [$\bar{1}$10] 方向。这时，刻度盘上的角度记为 $\beta_0$。

### 14.5.7　[$\bar{1}$10] 方向饱和磁化场的测量

由于沿膜面方向加磁场时，样品中原来垂直于膜面方向的两种磁畴的磁化方向都要向磁场方向转动，两种磁畴磁化方向的夹角从 180°逐渐减小，磁畴消失前，两种夹角很小，目镜中的黑白畴反差很小，消失场不易直接测出，要靠剩磁态畴形的变化来判断消失场。每次施加 $H_{in}$ 之前，先施加 $H_b$ 把剩磁态畴形变成迷宫畴，如图 14.18 (a) 所示。施加较高的 $H_{in1}$ 后，剩磁态畴形如图 14.18 (b) 所示，施加较小的 $H_{in2}$ 后，剩磁态畴形与图 14.18 (b) 明显不同，规定高低磁场 $H_{in1}$ 与 $H_{in2}$ 电流误差为 0.05 A 时，较高的磁场为消失场。

### 14.5.8　膜面内其他方向饱和磁化场的测量

转动样品，使 $\beta=\beta_0+10°$，$\beta_0+20°$，…，测出各个方向的磁畴消失场。除各 ⟨110⟩ 方向外，其他方向饱和磁化后的剩磁态畴形与图 14.18 (c) 相似，测量方法与〈110〉方向相同。注意，〈110〉方向为 $H_K^*$ 的峰值，〈112〉方向(如 $\beta=\beta_0+30°$）为 $H_K^*$ 的谷值，峰值十分尖锐，谷值较平缓（图 14.19）。因此，测峰值时必须找到黑白泡共存的剩磁态，即图 14.18（b)，不管角度与前述规定是否有些偏差。

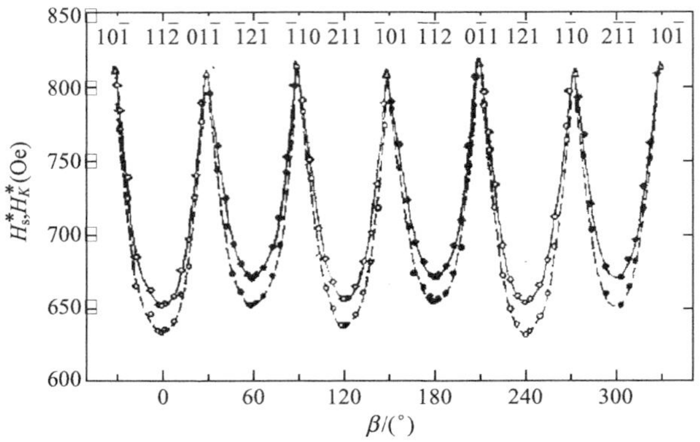


图 14.19　沿样品膜面的饱和磁化场与样品晶向的关系曲线（韩宝善等，1985）

磁场强度单位来自原文献 1 Oe$=\frac{1000}{4\pi}$ A · m$^{-1}$

# 第 15 讲　实验与物理学发展

## 15.1　实验在物理学中的地位和作用

物理学是研究自然界基本规律的科学，是一门实验科学。物理学的概念、规律及公式等都是以客观实验为基础的。实验在物理学发展中的作用可以概括为：发现新事实，探索新规律；检验理论，判定理论的适用范围；基本常数的测定；物理知识的推广应用并开拓新的研究领域。

在诺贝尔奖的百年历史中，主要以实验物理学方面的发现或发明而获奖者约占 73%，可见科学实验的重要性。

1901 年，德国人伦琴因在 1895 年发现 X 射线而获得首届诺贝尔物理学奖。

1902 年，荷兰人塞曼因在 1894 年发现了塞曼效应而获得诺贝尔物理学奖。

1903 年，德国人贝克勒尔和居里夫妇等三人因发现了天然放射性而获得诺贝尔物理学奖。

1923 年，密立根（图 15.1）因在基本电荷和光电效应方面的杰出工作而获得诺贝尔物理学奖（图 15.2、图 15.3）。

图 15.1　密立根在做实验

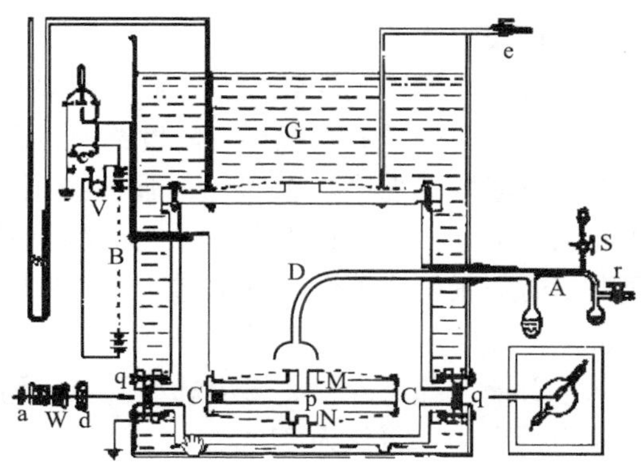


图 15.2　密立根油滴实验

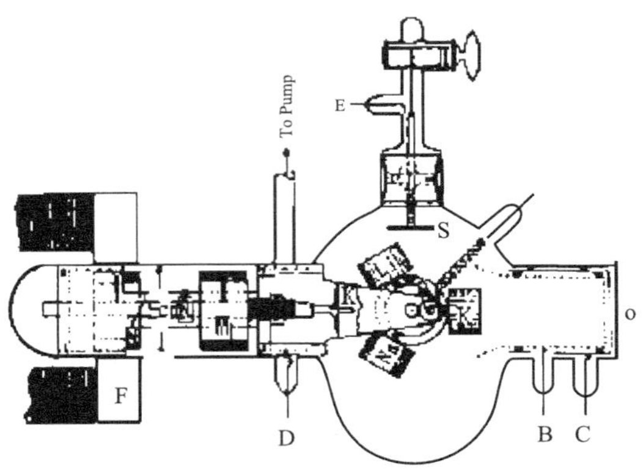


图 15.3　密立根光电效应实验

2010 年英国曼彻斯特大学两位科学家 Geim 和 Novoselov 因在二维材料石墨烯方面的开创性实验而获得诺贝尔物理学奖。对此诺贝尔奖 www. nobelprize. org 网站作了这样的描述：

**Graphene-the perfect atomic lattice**

"A thin flake of ordinary carbon, just one atom thick, lies behind this year' s Nobel Prize in Physics. Andre Geim and Konstantin Novoselov have shown that carbon in such a flat form has exceptional properties that originate from the remarkable world of quantum physics."

石墨烯独特的物理性质包括：

(1) 石墨烯的密度为 0.77 $mg \cdot m^{-2}$。假设有一张面积为 1 $m^2$ 的石墨烯吊床，其质量仅为 0.77 mg。

(2) 石墨烯的透光性和颜色。石墨烯的可见光透过率为 97.7%，且与波长无关。因此自由悬浮的石墨烯是高度透明且无色（无味）的。

(3) 石墨烯的强度。石墨烯的强度极限（抗拉强度）重为 42 $N \cdot m^{-1}$。约为普通钢的 100 倍。面积为 1 $m^2$ 的石墨烯层片可承受 4 kg 的重量。也就是说，前面提到的那张吊床不仅是近乎透明的，还可以承受一只猫的重量。而这张吊床的重量仅与猫的一根胡须的重量相当。

(4) 石墨烯的电导率。石墨烯的面电阻约为 $31\Omega \cdot m^{-2}$。这表明面积为1 $m^2$ 的石墨烯吊床的电阻仅为 31 Ω。

(5) 石墨烯的热导率。石墨烯的热导率实验值约为 5000 $W \cdot m^{-1} \cdot K^{-1}$，是室温下铜的热导率（401 $W \cdot m^{-1} \cdot K^{-1}$）的 10 倍多。

石墨烯独特而优异的物理特性使得包括新型电子器件的制造在内的许多实际应用变得可行。

## 15.2　物理学的研究方法——理论与实验的相辅相成

无论是物理学还是整个自然科学的发展，实验和理论的相互补充相互作用都是推动科学发展的根本动力。科学的发展，需要根据新发现的事实进行修正。理论和思想必须经受实验的检验和验证。物理学中的理论和实验在相互促进和丰富中得到发展。

著名物理学家密立根曾说："我仅仅在理论和实验这两个领域里做了微小的贡献，就得到 1923 年的诺贝尔物理学奖，我感到非常荣幸，这件事很好地说明了科学是在用理论和实验这两只脚前进的。有时是这只脚先迈出一步，有时是另一只脚先迈出一步，但是前进要靠两只脚，先建立理论然后做实验，或者是先在实验中得出了新的关系，然后再迈出理论这只脚，并推动实验前进，如此不断交替进行。"

著名物理学家，"量子力学之父"家海森伯（图 15.4）也说过："显而易见，不论在哪里，实验方面的研究总是理论认识的必要前提，而且理论方面的主要进展，只是在实验结果的压力下而不是靠思辨来取得的。另外，实验结果沿之向前发展的方向，应该总是由理论的途径来实现的。"

电磁感应现象是法拉第于 1831 年最早在实验室里发现的，而电磁感应定律和其他几个实验定律，又为麦克斯韦电磁场理论（图 15.5）奠定了实验基础。1895 年伦琴在实验上发现了 X 射线。X 射线的发现进一步推动气体中电传导的研究。汤姆孙说明了被 X 射线照射和气体导电性是由于气体带有电荷引起分子电离，这给劳伦斯创立电子理论提供了实验基础，而电子理论又给塞曼效应以理论解释。这一连串的事实表明了实验对推进物理学发展所起的重要作用。在物理学的发展过程中，这种相互促进、相互激励、相互完善的过程的实例数不胜数。

图 15.4　"量子力学之父"海森伯

图 15.5　麦克斯韦及麦克斯韦方程

## 15.3　实践是检验真理的唯一标准

物理学不能脱离物理实验结果的验证，实验是物理学的基础。例如，电子衍射实验验证了德布罗意（图 15.6）的波粒二象性。

实物粒子具有波动性是法国人德布罗意在光波具有微粒性的启发下于 1924 年提出的，通常人们称其为波粒二象性。

德布罗意说道：“整个世纪以来，在光学上，比起波动的研究方面来，是过于忽略了粒子的研究方面；在物质束的理论上，是否发生了相反的错误呢？是不是我们把关于“粒子”的图像想得太多，而过分地忽略了波的图像？”他提出，假设粒子的动量为 $p$，能量为 $E$，就同时伴随着物质波的平面波矢 $k$，即

$$E = h\nu, \quad phk = h/\lambda$$

1927 年，美国科学家戴维孙和革末用被电场加速的电子束打在镍晶体上，得到了衍射环纹照片，恰如光波在光栅上的衍射花样（图 15.7）。

图 15.6　德布罗意

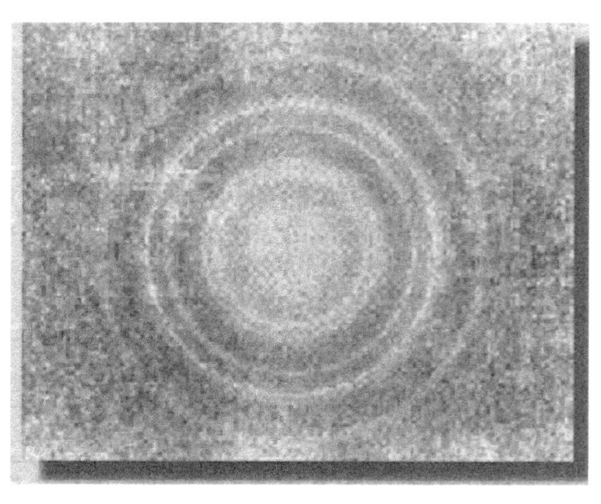

图 15.7　戴维孙-革末实验

这一著名实验验证了德布罗意关于 $p$、$\lambda$ 间的假设关系成立，最终使德布罗意假设被公认为理论。

## 15.4　20 世纪世界著名实验室

实验室是进行实验必不可少的重要条件。随着科学实验的进步，实验室的建设成了科学发展的决定性因素之一。同时实验室也是培训人才的中心，是科学组织的基地。

### 15.4.1　荷兰的莱顿低温实验室

20 世纪初，这个实验室在昂内斯领导下，在低温领域独占鳌头，最先实现了氦的液化，发现了超导电性，并一直在低温和超导领域居领先地位。莱顿低温实验室的创始人，低温物理学家昂内斯，于 1853 年 9 月 21 日生于荷兰的格罗宁根，1926 年 2 月 21 日卒于荷兰的莱顿。因制成液氦和发现超导现象于 1913 年获诺贝尔物理学奖。

### 15.4.2　美国加利福尼亚大学伯克利分校的劳伦斯辐射实验室

创建人劳伦斯以其特有的组织才能，充分发掘美国的人力、物力和财力，建起了第一批加速器。在他的领导组织下，实验室成员开展了广泛的科学研究，发现了一系列超重元素，开辟了放射性同位素、重离子科学等研究方向。它是美国一系列著名实验室（Livermore、LosAlamos、Brookhaven 等实验室）的先驱，也是世界上成百所加速器实验室的楷模。

### 15.4.3　德国的帝国技术物理研究所

帝国技术物理研究所（PTR）建于 1884 年，相当于德国的国家计量局，以精密测量热辐射著称。19 世纪末该研究所的研究人员致力于黑体辐射的研究，导致了普朗克发现作用量子。可以说这个实验室是量子论的发源地。

### 15.4.4　英国国家物理实验室

英国的国家物理实验室（NPL）是英国历史悠久的计量基准研究中心，创建于 1900 年。1981 年分 6 个部，即电气科学、材料应用、力学与光学计量、数值分析与计算机科学、量子计量、辐射科学与声学。

作为高度工业化国家的计量中心，与全国工业、政府各部门、商业机构有着广泛的日常联系，对外则作为国家代表机构，与各国际组织、各国计量中心联系。它还对环境保护，如噪声、电磁辐射、大气污染等方面向政府提供建议。英国国家物理实验室共有科技人员约 1000 人，1969 年最高达 1800 人。

### 15.4.5 欧洲核子研究中心

欧洲核子研究中心（CERN）创立于 1954 年，是规模最大的一个国际性的实验组织。它的创建、方针、组织、选题、经费和研究计划的执行，都很有特点。1983 年在这里发现 $W^{\pm}$ 和 $Z^0$ 粒子，次年该中心两位物理学家鲁比亚和范德梅尔获诺贝尔物理学奖。

### 15.4.6 贝尔实验室

贝尔实验室原名贝尔电话实验室，成立于 1925 年，除了无线电电子学以外，在固体物理学（其中包括磁学、半导体、表面物理学）、天体物理学、量子物理学和核物理学等方面都有很高水平。在这个研究机构中拥有一大批高水平的科研人员，几十年来先后获得诺贝尔物理学奖的有：发明电子衍射的戴维孙，发明晶体管的肖克利、巴丁和布拉坦，发明激光器的汤斯和肖洛，理论物理学家安德逊，射电天文学家彭齐亚斯和威尔逊。

### 15.4.7 IBM 研究实验室

IBM 是 International Bisiness Machines Corporation（美国国际商用机器公司）的简称，现已发展成为跨国公司，在计算机生产与革新中居世界领先地位。

### 15.4.8 物理实验室的典范——英国卡文迪许实验室

卡文迪许实验室是世界著名的研究机构，对现代物理学和生物学都有重要的影响。

### 15.4.9 麻省理工学院的林肯实验室

MIT 于 1951 年在麻省的列克辛顿创建了林肯实验室。其前身是研制出雷达的辐射实验室。该实验室是联邦政府投资的研究中心，其基本使命是把高科技应用到国家安全的危急问题上。

### 15.4.10 加利福尼亚大学的洛斯阿拉莫斯国家实验室

洛斯阿拉莫斯国家实验室（LANL）成立于 1943 年，以研制出世界上第一颗原子弹而闻名于世。

### 15.4.11 布鲁克海文国家实验室

布鲁克海文国家实验室（BNL）成立于 1948 年，现隶属于美国能源部，由石溪大学和 BATTELLE 成立的布鲁克海文科学学会负责管理。

### 15.4.12 加利福尼亚理工学院的喷气推进实验室

喷气推进实验室是位于加利福尼亚州萨迪那美国国家航空航天局（NASA）的一个下属机构，负责为美国国家航空航天局开发和管理无人空间探测任务，行政上属于加利福尼亚理工学院管理，前身是由航空大师西奥多·冯·卡门于1936年牵头成立的喷气动力研究所。

### 15.4.13 橡树岭国家实验室

橡树岭国家实验室（ORNL）是美国能源部所属最大的科学和能源研究实验室，成立于1943年，原称克林顿实验室，是曼哈顿秘密计划的一部分，现由田纳西大学和Battelle纪念研究所共同管理。

### 15.4.14 阿贡国家实验室

阿贡国家实验室（ANL）是美国政府最老和最大的科学与工程研究实验室之一——在美国中西部为最大。阿贡是1946年特许成立的美国第一个国家实验室，也是美国能源部所属最大的研究中心之一。

## 15.5 我国的重要实验室

国家科学技术部公布的国家实验室，依托基础好、实力强、水平高的研究型大学和科研院所，在现有国家重点实验室和其他相关实验室的基础上高起点建设，发展目标是规模较大、学科交叉、人才汇聚、管理创新的国际一流实验室。

### 15.5.1 已建成并投入使用的国家实验室

（1）中国科学技术大学（合肥）同步辐射国家实验室。

（2）中国科学院高能物理研究所（北京）正负电子对撞机国家实验室。

（3）中国科学院近代物理研究所（兰州）重离子加速器国家实验室。

（4）中国科学院金属研究所（沈阳）材料科学国家（联合）实验室。

### 15.5.2 2003年启动的国家实验室试点

（1）中国科技大学的微尺度实验室。

（2）清华大学的信息科学实验室。

（3）北京大学＋中国科学院化学所的分子化学实验室。

（4）华中科技大学＋武汉邮电科学研究院＋中国科学院武汉物理与数学研究所＋中国船舶工业集团公司717的武汉光电实验室。

(5) 中国科学院物理所的凝聚态实验室。

### 15.5.3　2006 年确定的第二批国家实验室试点

(1) 海洋——青岛海洋科学与技术国家实验室，由中国海洋大学等青岛海洋研究优势单位联合建设。

(2) 航空航天——航空科学与技术国家实验室，由北京航空航天大学独家建设。

(3) 人口与健康——重大疾病研究国家实验室，由中国医学科学院独家建设。

(4) 核能——磁约束核聚变国家实验室，由中国科学院合肥物质科学研究院牵头联合西南核物理研究院建设。

(5) 新能源——洁净能源国家实验室，由中国科学院大连化学物理研究所独家建设。

(6) 先进制造——船舶与海洋工程国家实验室，由上海交通大学独家建设。

(7) 量子调控——微结构国家实验室，由南京大学独家建设。

(8) 蛋白质研究——蛋白质科学国家实验室，由中国科学院生物物理研究所独家建设。

(9) 轨道交通——现代轨道交通国家实验室，由西南交通大学独家建设。

(10) 农业——现代农业国家实验室，由中国农业大学独家建设。

## 15.6　新型薄膜材料河北省重点实验室

河北师范大学新型薄膜材料实验室主要开展磁性薄膜及其材料微结构物理的研究；其主要组成部分——河北师范大学凝聚态物理专业，是河北省重点学科，具有博士和硕士学位授予权。该实验室多年来一直是河北师范大学重点资助的实验室，曾荣获国家教育委员会“实验室工作先进集体”和河北省高校“‘八五’计划科技工作先进集体”称号。该实验室实验设备先进，研究人员队伍中不仅具有实验研究经验丰富的专家，而且具有理论功底扎实、能够从事材料设计的专门人才，年龄和职称结构合理。该实验室的特色是以新型磁性薄膜和磁性纳米复合新材料实验研究为主，理论研究与实验研究相结合。

该实验室拥有的大型设备包括以下几种。

### 15.6.1　物理性能测试系统

物理性能测试系统如图 15.8 所示。生产厂家：美国 Quantum Design，Model 6000，价值人民币 4 236 900 元，购置日期为 2009 年 3 月。在可变温的条件下进行材料的磁性能测试、电学性质测试、热学性能测试。

图 15.8　物理性能测试系统

### 15.6.2　X 射线衍射仪

X 射线衍射仪如图 15.9 所示。型号：X'pertPRO MPD；生产厂家：PANalyticalB. V. 荷兰；价值：USD214392，购置日期：2009 年 9 月。性能描述：薄膜、粉末、块体材料常温及变温物相分析，薄膜厚度测试，晶粒尺寸分析、应力测试分析。

图 15.9　X 射线衍射仪

图 15.10　高真空脉冲激光沉积与离子清洗系统

### 15.6.3　高真空脉冲激光沉积与离子束清洗系统

高真空脉冲激光沉积与离子束清洗系统如图 15.10 所示。型号：PLD-450a；生产厂家：中国科学院沈阳科学仪器研制中心有限公司，用于生长通常的无机和有机薄膜材料，尤其适用于其他制膜设备和方法难以制备的高熔点、多元素（特别是含有气体元素的多元素）和复杂层状结构的薄膜。同时还能进行相应的激光与物质相互作用和成膜过程的物理、化学等方面的基础研究。

### 15.6.4　多功能离子注入与离子束溅射系统

多功能离子注入与离子溅射系统如图 15.11 所示。型号：IBAD-600；生产厂家：成都同创材料表面新技术工程中心。设备主要功能：①离子束清洗，对待处理工件或样品进行表面清洗；②离子束溅射沉积，用低能溅射气体离子源实现溅射沉积薄膜；③金属、气体离子注入，混合注入、单注入、反冲注入；④离子束辅助/增强沉积，用中高能气体/金属离子束对溅射沉积薄膜实现离子束增强沉积。

图 15.11　多功能离子注入与离子束溅射系统

图 15.12　PE/DC-CVD 化学气相沉积与高温热丝系统

### 15.6.5　PE/DC-CVD 化学气相沉积与高温热丝系统

PE/DC-CVD 化学气相沉积与高温热丝系统如图 15.12 所示。型号：400 型；生产厂家：中国科学院沈阳科学仪器研制中心有限公司。本系统可完成等离子体增强/直流化学气相沉积、热丝化学气相沉积及高温化学气相沉积。可制备非晶硅、多晶硅、类金刚石等薄膜。

### 15.6.6　其他仪器设备

（1）光谱分析仪。
（2）数字示波器。
（3）光纤熔接机。
（4）自相关仪。
（5）1550 nm 光纤架组件。

(6) 掺铒光纤放大器。
(7) 电光调制器。
(8) 1480 nm 激光器。
(9) 974 nm 激光驱动器。
(10) 精密光学平台。
(11) 光纤切割刀。
(12) 拉曼光纤激光器。
(13) 975 nm 多模激光光源。
(14) 飞秒光纤激光器。
(15) 手动光可变延迟线。
(16) 手动偏振控制器。
(17) 带宽波长可调滤波器。
(18) 超高真空磁控溅射镀膜与离子束清洗系统。
(19) PE/DC-CVD 化学气相沉积与高温热丝系统。
(20) 真空脉冲激光沉积于离子束清洗系统。
(21) 超高真空多功能磁控溅射镀膜设备。
(22) 准分子激光器。
(23) 高真空单辊旋淬电弧熔炼系统。
(24) 物理性能测试系统发。
(25) 扫描探针显微镜。
(26) 振动样品磁强计。
(27) X 射线衍射仪。
(28) 傅里叶转换红外光谱仪。
(29) 计算机集群。
(30) 离子注入设备与离子束溅射系统。
(31) 快速退火炉。
(32) 精密阻抗分析仪。
(33) 荧光分光光度计。
(34) 数字源表测量仪器。
(35) 通用测试探针台。
(36) 铁电测试仪。

## 15.7　研究方向之一：新型非易失性存储器——电阻式存储器

半导体技术的发展引发信息技术革命，人类生活进入全球化信息时代。21

世纪计算机技术、互联网以及新型大众化电子产品的高速发展，对电子信息的存储处理产品的需求呈现高速上升趋势。存储技术渗透于半导体产品中的各个角落，具有极其广泛的应用市场。信息存储产品要求高速度、高密度、长寿命、低功耗、低成本，迫切需要在存储器材料和技术方面取得突破，开发出新一代的存储器技术。

未来几年，在产品方面，存储器仍将是中国集成电路市场上份额最大的产品，其市场份额将会保持在20%以上，CPU、ASSP和模拟器件的市场份额也相对近较高，将保持在15%以上。在应用领域方面，3C（计算机、网络通信和消费电子）领域仍然是中国集成电路产品主要的应用领域，三者的市场份额将一直保持在整体市场的85%以上（图 15.13～图 15.15）。

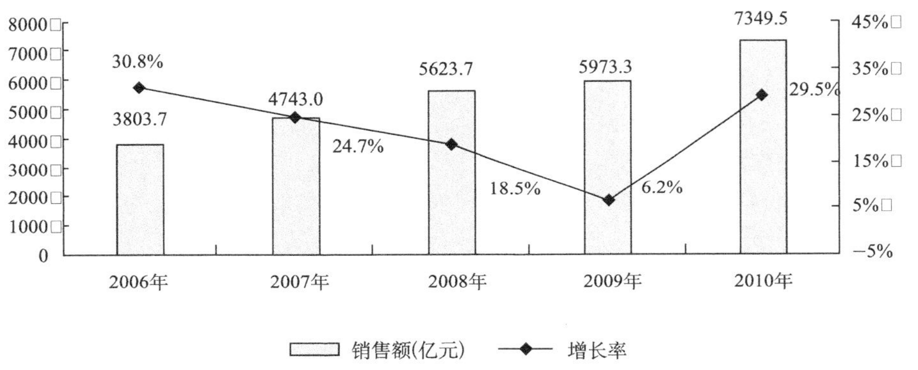


图 15.13　2006～2010 年中国集成电路市场销售额规模及增长率

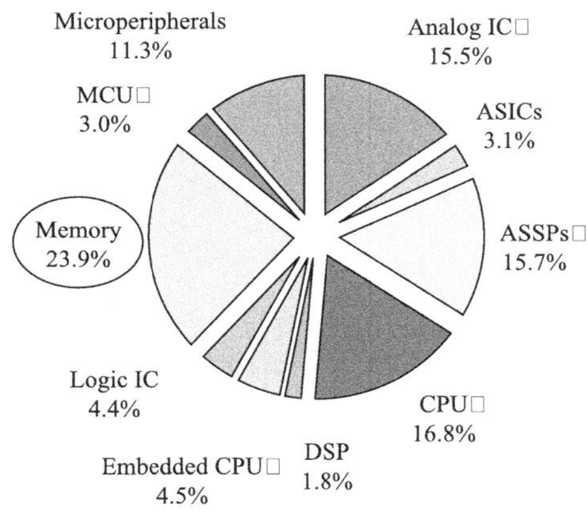


图 15.14　2010 年中国集成电路市场产品结构

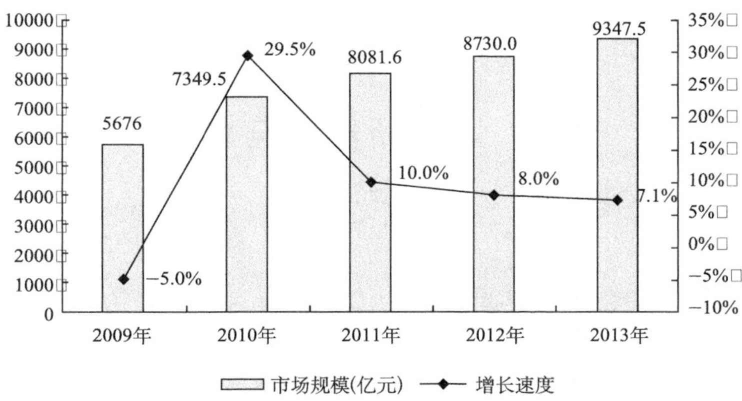


图 15.15　2011～2013 年中国集成电路市场规模及增长率预测

### 15.7.1　CER 效应

在外加电场的作用下，材料的电阻在低阻态“0”和高阻态“1”之间可逆转变，诱发的超巨大电阻变化，低阻态和高阻态变化可相差几十至几千倍。

### 15.7.2　电阻式存储点

基于 CER 效应，提出的一种新型非易失性存储器——电阻式存储器(RRAM)(图 15.16)。

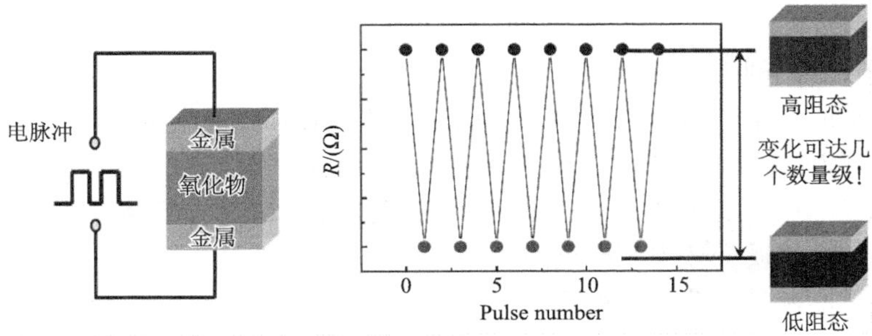


图 15.16　RRAM 结构及电阻转变性质

# 第 16 讲　新能源与物理

## 16.1　什么是能源

提到能源，人们很自然就想到资源。在日常生活中，能源和资源这两个概念却经常被人们混淆。

能源是指能够提供某种形式能量的物质，或者是物质的运动。换句话说，能够提供热能、光能、电能、机械能、生物能等某种形式能量的物质或物质的运动都可以称为能源。

资源，也称为自然资源，是指人类可以直接从自然界获得，并用于生产和生活的物质和能量。例如，阳光、天然气等是能源，也是资源，而铜矿石等是资源。

能源从获取途径的角度，可分为一次能源和二次能源。一次能源指直接从自然界获取，不需要加工转换的各种能量和资源，如地热、潮汐、阳光等。二次能源是由一次能源经过加工转换以后得到的能源产品，如汽油、电力、沼气、氢气等。

## 16.2　能源的分类

按蕴含方式的不同，能源可以分为以下三类。

第一类能源来自地球以外的太阳能。人类现在使用的能量主要来自太阳能，故太阳有“能源之母”之称。现在，除了直接利用太阳能外，目前使用的煤、石油、天然气等化石资源就是千百万年前绿色植物在阳光照射下经光合作用形成有机质在漫长的地质变迁中所形成的。

第二类能源是地球自身蕴藏的能量。这里主要指地热能资源以及原子能燃料，还包括地震、火山喷发和温泉等自然呈现出的能量。

第三类能源是地球和其他天体引力相互作用而形成的。这主要指地球和太阳、月球等天体之间有规律运动而形成的潮汐能。

能源还可以按相对比较的方法来分类：

（1）一次能源与二次能源。在自然界中天然存在的，可直接取得而又不改变其基本形态的能源称为一次能源，如煤炭、石油、天然气、风能、地热等。为了满足生产和生活的需要，有些能源通常需要经过加工以后再加以使用。由一次能源经过加工转换成另一种形态的能源产品称为二次能源，如电力、煤气、蒸汽及各种石油制品等。大部分一次能源都转换成容易输送、分配和使用的二次能源，以适应消费者的需要。二次能源经过输送和分配，在各种设备中使用，即终端能源。终端能源最后变成有效能。

(2) 可再生能源与非再生能源。在自然界中可以不断再生并有规律地得到补充的能源，称为可再生能源，如太阳能和由太阳能转换而成的水力、风能、生物质能等。经过亿万年形成的、短期内无法恢复的能源称为非再生能源，如煤炭、石油、天然气、核燃料等。

按被利用的程度，能源分为常规能源和新能源。

(1) 常规能源，如煤炭、石油、天然气、薪柴燃料、水能等。

(2) 新能源，如太阳能、地热能、潮汐能、生物质能等，核能通常也被看作新能源，尽管核燃料提供的核能到 21 世纪末将在一次能源的消耗中占 14%，但从被利用的程度看还远不能和已有的常规能源比；另外，核能利用的技术非常复杂，可控核聚变反应至今还未实现，这也是将核能仍视为新能源的主要原因之一。

## 16.3 目前世界经济的三大能源支柱

(1) 煤。煤是古代植物遗体埋藏在地下，经过复杂的生物化学和物理化学变化逐渐形成的。18 世纪末，工业革命开始，煤主要用作工业生产的燃料。随着蒸汽机的发明和使用，煤炭的需求量增加，给社会带来了前所未有的巨大生产力。

(2) 石油。石油由史前的海洋动物和藻类尸体变化形成的。在国民经济中占有重要地位，常被誉为“黑色的金子”、“工业的血液”。石油对任何一个国家都是生命线。

(3) 天然气。天然气是蕴藏在地层中的具有可燃性的气态碳氢化合物，它是埋藏在地下的生物有机体经过漫长的地址年代和复杂的转化过程生成的。主要成分有甲烷、乙烷、丙烷、丁烷、二氧化碳、硫化氢、氮等气体。

## 16.4 传统能源的缺陷

(1) 对环境的危害性。传统能源带给人类文明与进步的同时，也带来了环境的污染，给人类生存环境造成了灾难。原苏联科学家预测，到 21 世纪中期，海洋水面将会上升数米。即使现在立即停止产生二氧化碳，温室效应也仍存在。因为 20 世纪六七十年代燃烧矿物燃料，这种人类活动的影响却只会到下一个 10 年才会被感受到。

1988 年 7 月，美国《幸福》杂志刊登《世界正在变热：这意味着什么?》一文，文中认为，燃烧石油、煤、汽油等矿物燃料产生的二氧化碳正在大气层中迅速积聚……在大气中这些气体起着温室玻璃那样的作用……人们称它为“温室效应”。这些迹象是不祥之兆……其结果内陆更加干燥，沿海地区会变得更加潮湿，寒冷季节会缩短，温暖季节会延长，土壤湿度会降低，世界海平面增高，沿海城市会常遭水淹，现在的肥沃土地可能变成沙漠，而北极平原可能成为可耕地。

1987 年 3 月 2 日，美国《新闻周刊》刊登的《大自然的报复》一文中还预测到 2037 年时，“巴黎和费城到处张贴着预报洪水将到来的告示……”。

“改变能源结构，保护地球”成为全球的呼声。

(2) 有限性。传统能源是亿万前深埋地下形成的，随着化石燃料资源的消耗，易于探明和开采的燃料，特别是石油和天然气，已逐渐减少。

表 16.1 中给出世界非再生能源开采年限估计。从表中可看出，传统能源在不远的将来即将枯竭，开发新能源迫在眉睫。

**表 16.1　世界再生能源开采年限估计**

| 能源情况种类 | 已探明的储量（PR）<br>和推测出的潜在储量（AR） | 消耗期（公历年） |
|---|---|---|
| 煤 | 900（PR） | 2200 年左右 |
| | 2700（AR） | |
| 石油 | 100（PR） | 2020 年以前 |
| | 36（AR） | |
| 天然气 | 74（PR） | 2040 年左右 |
| | 60（AR） | |
| | 按热反应堆计 | 按热反应堆计 2073 年； |
| 铀 | 60（PR+AR） | |
| | 按增值反应堆计 | 按增值反应堆计 2110～2120 年 |
| | 1300（PR） | |
| | 1600（AR） | |
| 所有不可再生能源 | 1100（PR） | 2200 年左右 |
| | 300（AR） | |

## 16.5　开发新能源的必要性

新能源是以采用新技术和新材料而获得的，在新技术基础上系统地开发利用的能源。主要为太阳能、地热能、风能、海洋能、生物质能、氢能和水能等。对于新能源开发的必要性，在媒体上和国家层面上都充分注意到了这一点。

2007 年 3 月 27 日的《瞭望新闻周刊》提出：清洁能源的开发，可能成为 21 世纪最重要的经济增长引擎，成为最有创造就业和财富能力的新经济支柱……有一种共识正在形成：只有在新能源技术革命中走在前面，才有可能在未来的世界经济格局中占据优势地位。

胡锦涛主席也曾提出：我们所要建设的社会主义和谐社会，应该是民主法治、公平正义、诚信友爱、充满活力、安定有序、人与自然和谐相处的社会。

2010 年 9 月 8 日，国务院召开常务会议，审议并原则通过了《国务院关于加快培育和发展战略性新兴产业的决定》(简称《决定》)，确定战略性新兴产业将成为我国国民经济的先导产业和支柱产业。

现阶段，节能环保、新一代信息技术、生物、高端装备制造、新能源、新材料和新能源汽车七个产业将被重点培育，加快推进。《决定》提出，对七大产业加大财税金融等政策扶持力度，引导和鼓励社会资金投入，并设立战略性新兴产业发展专项资金。国务院确定战略新兴产业低碳减排位列其中。

低碳生活就是减少二氧化碳的排放，就是低能量、低消耗、低开支的生活。主要是从节电、节气和回收三个环节来改变生活细节。

## 16.6　世界能源发展趋势——太阳能发展的必要性

在未来的能源结构中，太阳能占有重要地位。图 16.1 给出了不同时期不同能源形式所占的比例。随着传统能源的耗尽，光伏发电也倍显突出。

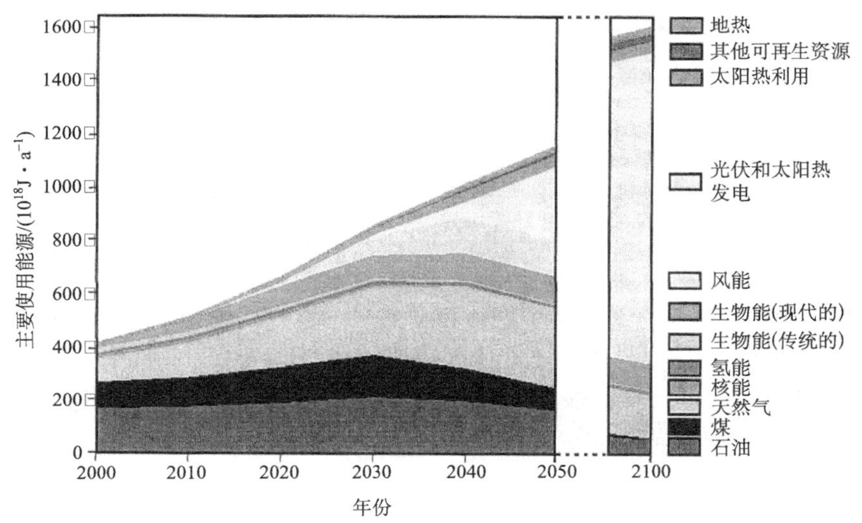


图 16.1　能源结构的发展趋势

按前面分类，再生能源分布：太阳能占 99.44%，水能、风能、地热能、生物能等不到 1%。在非再生能源中，利用海水中的氘资源产生的人造太阳能（聚变核能）几乎占 100%，煤炭、石油、天然气、裂变核燃料加起来也不足千万分之一。所以，人类使用的能源归根到底要依靠太阳能，太阳能是人类永恒发展的能源保证。

在全球能源短缺、环保意识抬头前提下，太阳能成为市场热门技术与产品，其中以太阳能电池的发展最为可行，也是目前各国致力投入开发的洁净能源新重点。图 16.2是常见的太阳能电池板。

图 16.2　太阳能电池板

## 16.7　太阳能电池工作原理

太阳能电池工作原理主要是半导体的光电效应。

一般的 Si 半导体主要结构如下（图 16.3）：它是本征半导体，外层电子排布 $3s^2 3p^2$。

当掺入硼（B）时，硅晶体中就会存在着一个空穴（图 16.4），B 的外层电子 $2s^2 2p^1$。因为硼原子外层只有 3 个电子，所以就会产生如图 16.4 所示的空穴，这个空穴因为没有电子而变得很不稳定，容易吸收电子而中和，形成 p(positive) 型半导体。掺入磷原子以后，由于 P 外层有 5 个电子，这样就会多余出一个电子（图 16.5），成为 n 型半导体。

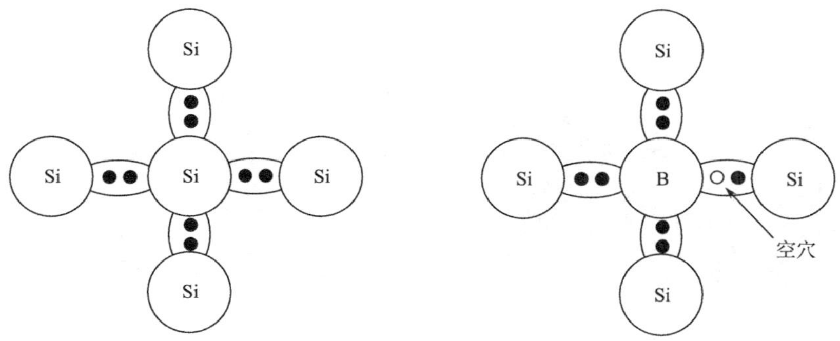


图 16.3　本征半导体 Si 成键示意图　　图 16.4　Si 中掺入 B 后成键示意图

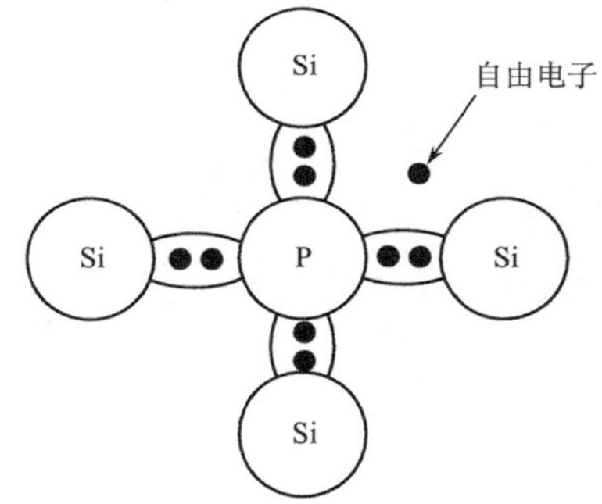


图 16.5　Si 中掺入 P 后成键示意图

理解太阳能电池工作原理重要的两点：

(1) 依据不同的掺杂类型，Si 晶体中有了自由运动的电子或空穴。

(2) 电子或者空穴自由的热运动。

### 16.7.1　pn 结

假如电子和空穴都没有电性，由于扩散，电子和空穴将均匀地布满整个空间(图 16.6)。但是，它们是有电性的（图 16.7)！

电子运动可以看成正电荷的磷离子运动；空穴运动可以看成负电荷的硼离子运动。这些固定离子在接触面建立电场，方向：从正电荷指向负电荷。内建电场使电荷运动与扩散的方向相反（图 16.8)。达到平衡，没有净电流流过接触界面。

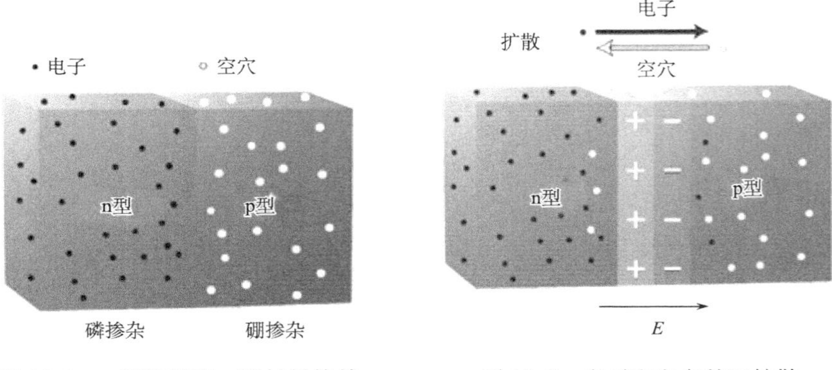


图 16.6 n 型材料和 p 型材料简单放在一起的示意图

图 16.7 电子和空穴的互扩散建立内建电场

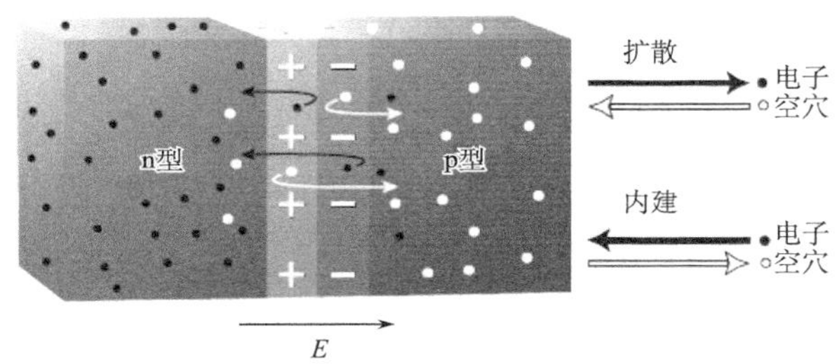


图 16.8 内建电场和扩散引起的自由电子和空穴的运动

这就提出了一个问题，“如果没有静电流流过，还有什么用?”虽然没有静电流流过结，但是在结处存在内建电场，正是这个内建电场成为二极管、晶体管和太阳能电池工作的基础。在耗尽区，几乎没有可动电子和空穴，耗尽区表现出很高的电阻，就像纯晶体 Si 一样，可以作为完美的绝缘体。

### 16.7.2 正向偏压

在结两端加正向偏压，即 p 型一边接正极，n 型一边接负极，就会有电流流过。在 pn 结处，内建电场和外加电场方向相反，这样使得叠加后的合场强比内建电场小，结果造成耗尽层变窄，在施加电压足够时，耗尽层电阻可忽略，流过的电流很大。对于 Si，这个电压为 0.6 V（图 16.9）。

### 16.7.3 反向偏压

在结两端加反向偏压，即 p 型一边接负极，n 型一边接正极。在 pn 结处，内建电场和外加电场方向相同，这样使得叠加后的合场强比内建电场大，结果造成耗尽层更厚，电阻更大，在施加电压足够时，流过的电流几乎为零（图 16.10）。

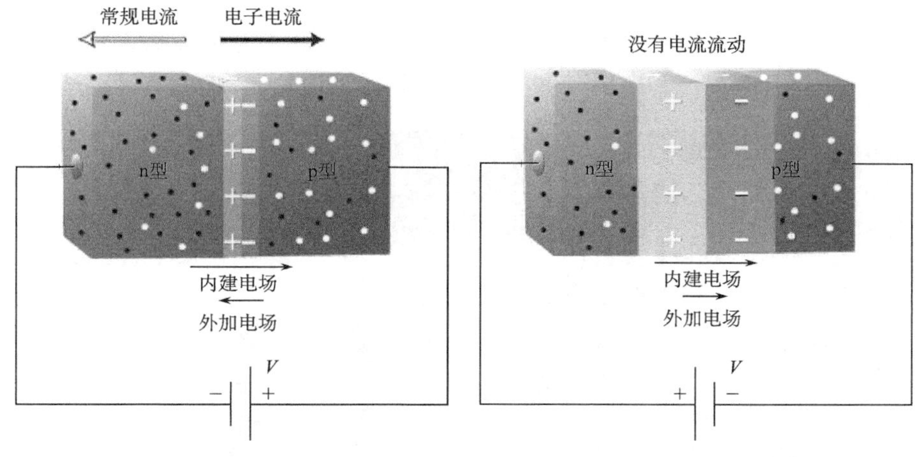


图 16.9　pn 结两端加正向偏压　　　图 16.10　pn 结加反向偏压

由此看来，耗尽区的电阻可以通过外加电场来改变。外电场与内建电场相同，耗尽层的电阻将更大；外加电场与内建电场相反时，耗尽层电阻就变小。接触区称为“电压控制电阻器”（图 16.11）。

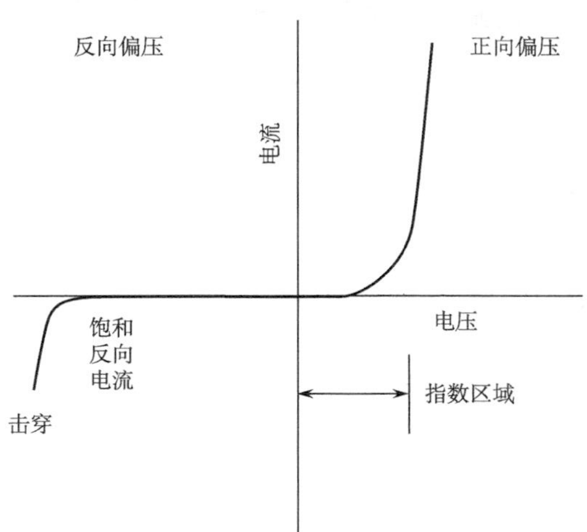


图 16.11　Si pn 结二极管的 *I-U* 曲线

### 16.7.4　太阳能电池是怎么工作的

大部分太阳能电池板是由大面积 pn 结构成的。由于内建电场的存在，当光照在上边时就会有电流和电压产生（图 16.12）。

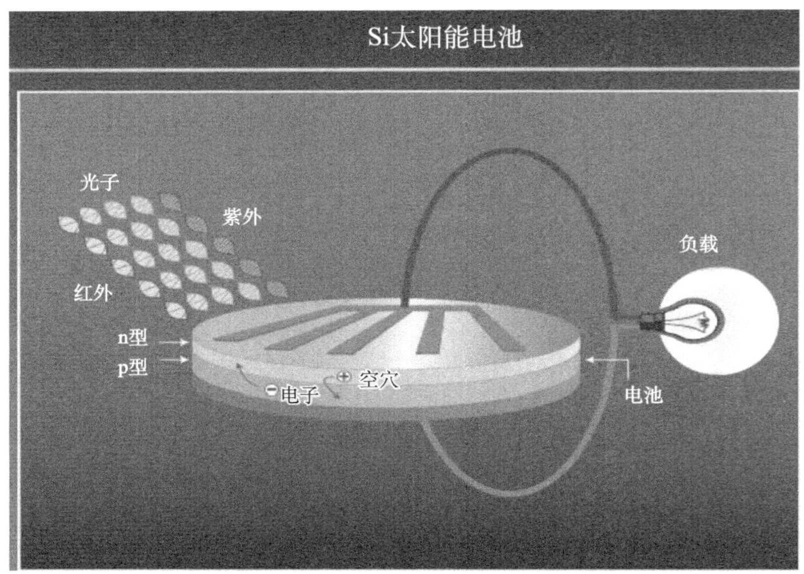


图 16.12　Si 光伏发电示意图

### 16.7.5　太阳能电池的工作原理：源于内建电场

太阳光有足够的能量打破一部分 Si 晶体的化学键。但是并不是所有的键都能被打开，否则 Si 就会熔化！太阳光在地球上的强度能打破 Si—Si 键的概率为一亿分之一。

被激发的电子自由地在材料中运动，打破的键相当于空穴是自由的。但是这样产生的电子和空穴离得很近。这样的电子和空穴在短时间内处于激活状态。当电子游离到离空穴很近时，电子和空穴又处于成键状态，这一过程称为“复合”。复合后电子空穴对的能量以热能方式放出。如果有太多的“复合”，太阳能电池将不能工作。

在 p 区、n 区和结中，太阳光都会激发电子和空穴。在内建电场的作用下，结附近的电子跑向 n 区，空穴跑向 p 区，形成穿越 pn 结的从 n 区到 p 区的电流。远离 pn 结的电子和空穴，在复合前有可能对形成电流有贡献。用线连接起来 pn 结，再串接个电流表就可以看到有电流流过——短路电流（流过结，n 到 p）。

将串联线断开，内建电场使光生电子、空穴分开，形成开路电压，Si 的开路电压为 0.6 eV。

如果想得到功率 $P$（$P=UI$），引入合适的电阻，得到最大的输出功率。

为了能产生更多的能量，需要将大量的太阳能电池接在一起，来供应一个灯泡、一列电动火车，甚至一座城市的用电。

## 16.8　光伏电池的结构组成

Si 太阳能电池主要由覆盖玻璃、防反射涂层、接触栅线、n 型 Si、p 型 Si、背接触等构成（图 16.13）。

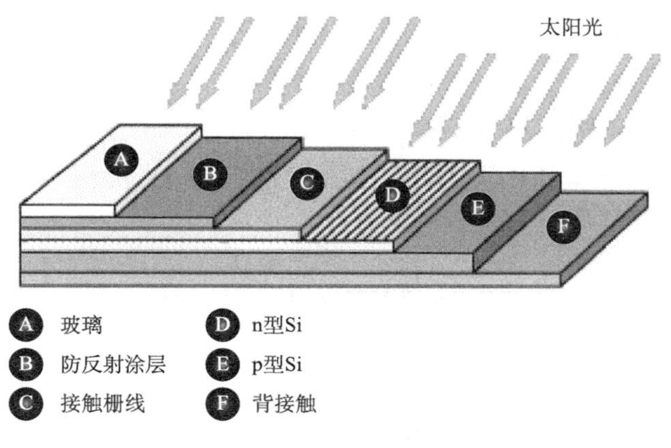


图 16.13　Si 太阳能电池的结构示意图

## 16.9　太阳能电池分类

硅基太阳能电池包括单晶硅太阳能电池、多晶硅太阳能电池、晶硅/非晶硅异质结太阳电池、硅带太阳能电池。

薄膜太阳能电池包括多晶硅薄膜太阳能电池、非晶硅薄膜太阳能电池、砷化镓薄膜太阳能电池、硫化镉薄膜太阳能电池、铜铟硒薄膜太阳能电池。

有机太阳能电池包括染料敏化太阳能电池、有机太阳能电池。

## 16.10　太阳能光伏发电的特点

目前实际应用的太阳能电池是一种半导体器件，它将太阳光能转变成直流电能。通常需要用蓄电池等作为储能装置，以随时供给负载使用。如果是交流负载，则还需要通过逆变器将直流电变成交流电。整个光伏系统还要配备控制器等附件。光伏发电具有很多独特的优点，主要体现在以下几个方面：

（1）太阳能取之不尽，用之不竭。

（2）太阳能随处可得，可就近供电，因而避免电能损失。

（3）太阳能不用燃料，运行成本很小。

（4）太阳能发电没有运动部件，不易损坏，维护简单。

（5）太阳能对环境无不良影响，是理想的清洁能源。

（6）太阳能发电系统建设周期短，由于是模块化安装，既方便灵活，又避免了浪费。

光伏发电的缺点主要体现在以下三个方面：

（1）地面应用时有间歇性。

（2）能量密度较低，在标准测试条件下，地面上接收到的太阳辐射强度为 $1000\mathrm{W\cdot m^{-2}}$。大规模使用时，需要占有较大面积。由于各地太阳辐射强度不同，所以在应用时要经过较复杂的设计计算。

（3）目前价格仍较贵，为常规发电的 2～5 倍。

## 16.11 太阳能光伏发电的发展

1954 年美国贝尔实验室制成了世界上第一个实用的太阳能电池，效率仅为 4%。改进后于 1958 年应用到美国的先锋 1 号人造卫星上。由于太阳能发电的特殊优越性，各国普遍将其作为航天器的首选动力。后来，太阳能电池进入地面，航标灯、铁路信号、微波通信中继站、防灾应急电源、石油及天然气管道阴极保护电源、太阳能计数器、手表、收音机、太阳能家用电源、光电水泵等都普遍使用太阳能电池。

从发电量来看，1995 年发电量为 8 亿 kW · h，到 1996 年全世界安装的光伏组件容量已超过 600 MW。在美国，自 1988 年以来安装的光伏系统所发电力可满足 15 万户家庭的用电需要。1998 年，世界太阳能电池年产量已超过 150 MW，是 1994 年产量的两倍还多。单晶硅太阳电池的平均效率为 15%，澳大利亚新南威尔士大学的实验室效率已达 24.4%。多晶硅太阳能电池的效率也达 14%，实验室最大效率为 19.8%。非晶硅太阳能电池的效率稳定，单结效率为 6%～9%，实验室最高效率为 12%，多结电池效率为 8%～10%，实验室最高效率为 11.8%。由于生产规模的扩大，生产工艺的改进，晶体硅太阳能电池组件的制造成本已降至 3～3.5 美元/W，售价也相应降到 4.5 美元/W。非晶硅太阳能电池单结售价 3.4 美元，多结售价为 4～5 美元/W。可以预料，随着技术的进步和市场的拓展，太阳光电池的成本及售价将会大幅下降。而由于太阳能电池成本的下降，可望使光伏技术进入大规模发展时期。

欧洲光伏工业协会公布了年度市场数据：到 2008 年全球太阳能累积安装总量已达 15 GW，而 2007 年为 9 GW。西班牙以 2.5 GW 几乎占到 2008 年新增安装量的一半，德国以 1.5 GW 排在第二，美国以 342 MW 排名第三，韩国以 274 MW 排名第四，意大利 260 MW 排名第五，以下依次是捷克、葡萄牙、比利时及法国。

至今全世界还有 20 亿人用不上电，而我国现在还有约 2300 万人居住在无电地区，这些地区大多数为偏远山区。没有电力严重制约着当地经济的发展，由于居住分散，交通不便，很难通过延伸公共电网来解决用电问题，因此，光伏发电在这些地区大有用武之地，具有巨大的潜在市场。

当前影响太阳能电池大规模应用的主要障碍是它的制造成本太高，因此，发展太阳光发电技术的主要目标是通过改进现有的制造工艺，设计新的电池结构，开发新颖电池材料等方式来降低制造成本，并提高光电转换效率。近年来，光伏工业呈现稳定发展的趋势，特别是产量增加、转换效率提高、成本降低、应用领域不断扩大。表 16.2～表 16.4 分别给出一个预测数据。

**表 16.2　太阳电池转换效率发展预测**（单位:%）

| | | 2004 年 | 2010 年 | 2020 年 | 2030 年 |
|---|---|---|---|---|---|
| 日本 | C-Si | 13～18.4 | 16～20 | 19～25 | 22～25 |
| | 薄膜 Si | 10～14.7 | 12～15 | 14～18 | 18～20 |
| | cuInSe | 10～18.9 | 13～19 | 18～25 | 22～25 |
| | Ⅲ-Ⅴ | 25～38.9（聚光） | 28～40 | 35～45 | 40～50 |
| 欧洲 | C-Si | 14～17 | 17～20 | 19～22 | 20～25 |
| 美国 | 电池 | 10～20 | 15～25 | 20～25 | 22～40+ |
| | 组件 | 8～5 | 12～17 | 18～24 | 20～30 |
| | 系统 | 6～12 | 9～14 | 14～20 | 18～25 |

**表 16.3　太阳电池发电成本预测**

| | 2004 年 | 2010 年 | 2020 年 | 2030 年 |
|---|---|---|---|---|
| 日本/［Yen/（kW·h）］ | 30 | 23 | 14 | 7 |
| 欧洲/［Ero/（kW·h）］ | 0.25 | 0.18 | 0.10 | 0.08 |
| 美国/［$/（kW·h）］ | 18.2 | 13.4 | 10.0 | 8.2 |

**表 16.4 当前和未来太阳电池的累计安装量**（单位：GW）

| | 2004 年 | 2010 年 | 2020 年 | 2030 年 |
|---|---|---|---|---|
| 日本 | 1.2 | 4.8 | 30 | 205 |
| 欧洲 | 1.2 | 3.0 | 41 | 200 |
| 美国 | 0.34 | 2.1 | 36 | 200 |
| 中国 | 0.065 | 0.5 | 10 | 40 |
| 世界 | 3.99 | 12 | 125 | 920 |

## 16.12 太阳能光伏发电的新技术开发

近年来，围绕光电池材料、转换效率和稳定性等问题，光伏技术发展日新月异。晶体硅太阳能电池的研究重点是高效率单晶硅电池和低成本多晶硅电池。

限制单晶硅太阳能电池转换效率的主要技术障碍有：①电池表面栅线遮光影响；②表面光反射损失；③光传导损失；④内部复合损失；⑤表面复合损失。针对这些问题，近年来开发了许多新技术，主要有：①单双层减反射膜；②激光刻槽埋藏栅线技术；③绒面技术；④背点接触电极克服表面栅线遮光问题；⑤高效背反射器技术；⑥光吸收技术。

随着这些新技术的应用，发明了不少新的电池种类，也极大地提高了太阳能电池的光转换效率，如澳大利亚新南威尔士大学的格林教授采用激光刻槽埋藏栅线等新技术将高纯化晶体硅太阳能电池的转换效率提高到 24.4%，而且他表示能用纯度低 100 倍的硅制成高效光电池。预计在几年后采用该类电池的太阳能发电成本可降至 5～8 美分/（kW·h）。

2010 年 6 月 24 日，美国南加利福尼亚大学的研究人员成功研制出一种柔韧性很好的碳原子薄膜透明材料，并用它制作出有机光伏电池。研究人员说，这种碳原子材料用途广泛，如有望用来生产太阳能窗帘和自行发电的衣服。研究人员在新一期学术期刊《美国化学学会·纳米》上报告说，这种新材料名为石墨烯，由一层导电性极好的碳原子组成，厚度为几个原子，用它制成的石墨烯有机光伏电池可把光能转化为电能。目前，研究人员已能制作多种尺寸的石墨烯，其中面积最大的为 150 $cm^2$。研究者以甲烷和 $H_2$ 为气源，在 Ni 衬底上制备石墨烯，然后转移到应用于光伏电池的塑料基板上（图 16.14）。

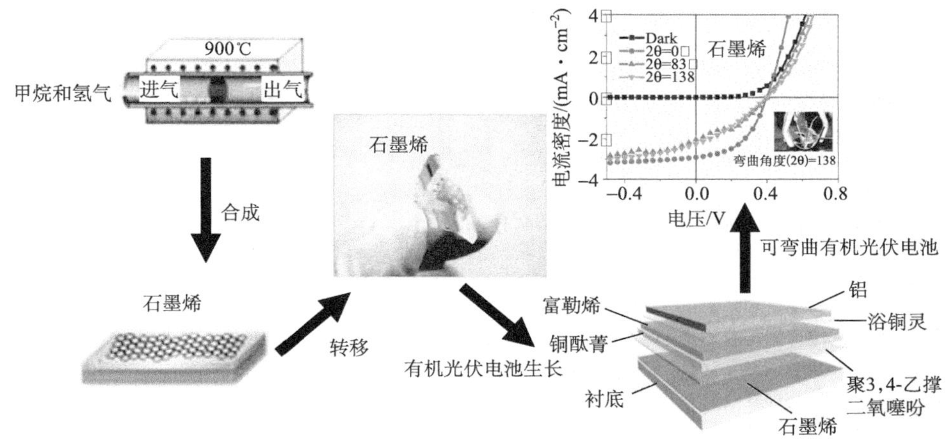


图 16.14　制备的石墨烯及由石墨烯组成的电池性能

2008 年，Wang 等报道了热解氧化石墨，得到的石墨烯高的电导 550 S · $cm^{-1}$，而且在 1000～3000 nm，透过率高于 70%，并将其用于太阳能电池的上电极（图 16.15）。

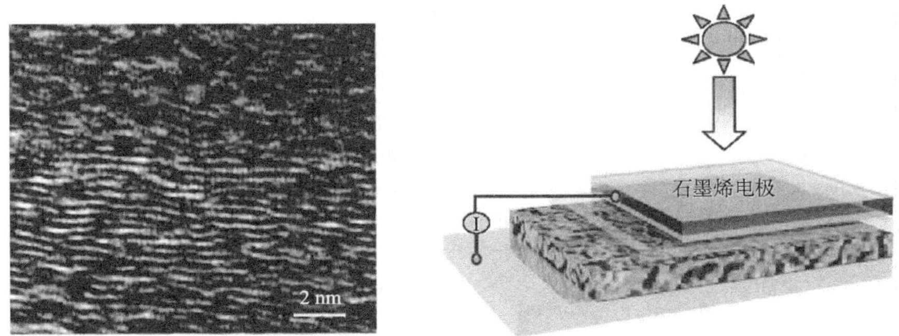


图 16.15　石墨烯作为透明导电电极

# 参 考 文 献

曹天元. 2008. 量子物理史话. 沈阳：辽宁教育出版社.

程檀生，钟毓澍. 1997. 低能及中高能原子核物理学. 北京：北京大学出版社.

磁泡编写组. 1986. 磁泡. 北京：科学出版社.

崔宏滨. 2009. 原子核物理学. 合肥：中国科学技术大学出版社.

方俊鑫，陆栋. 1980. 固体物理学. 上海：上海科学技术出版社.

龚昌德. 1982. 热力学与统计物理. 北京：高等教育出版社.

顾莱纳，奈斯，斯托克. 2001. 热力学与统计物理学（中译本）. 钟云霄译. 北京：北京大学出版社.

霍剑青，吴泳华，刘鸿图，等. 2001. 大学物理实验. 北京：高等教育出版社.

基彭哈恩. 1997. 千亿个太阳. 沈良照，黄润乾译. 长沙：湖南科学技术出版社.

基泰尔. 2005. 固体物理学导论. 项金钟，吴光惠译. 北京：化学工业出版社.

克罗斯韦尔. 1999. 银河系. 黄磷译. 海口：海南出版社.

雷克. 1983. 统计物理现代教程（中译本）. 北京：北京大学出版社.

李承祖. 2001. 量子通信和量子计算. 长沙：国防科技大学出版社.

梁希侠，班士良. 2000. 统计热力学. 呼和浩特：内蒙古大学出版社.

林宗涵. 2007. 热力学与统计物理. 北京：北京大学出版社.

刘学富. 2004. 基础天文学. 北京：高等教育出版社.

卢德馨. 1998. 大学物理学. 2 版. 北京：高等教育出版社.

迁高辉. 1989. 太阳能电池. 权荣硕，鲜于七星译. 北京：机械工业出版社.

苏汝铿. 2003. 统计物理学. 北京：高等教育出版社.

唐贵德，马长山，杨连祥，等. 2003. 近代物理实验. 石家庄：河北科学技术出版社.

汪志诚. 2004. 热力学与统计物理. 3 版. 北京：高等教育出版社.

王竹溪. 1964. 热力学简程. 北京：人民教育出版社.

王竹溪. 1965. 统计物理导论. 2 版. 北京：高等教育出版社.

曾谨言，裴寿镛，龙桂鲁. 2001. 量子力学新进展（第二辑）. 北京：北京大学出版社.

曾谨言. 2001. 量子力学（卷二）. 北京：科学出版社.

章乃森. 1987. 粒子物理学. 北京：科学出版社。

赵凯华，陈熙谋. 2005. 电磁学. 北京：高等教育出版社.

赵峥. 2008. 物理学与人类文明十六讲. 北京：高等教育出版社.

郑志鹏 . 2008. 粒子物理发展史话报告. 北京：中国科学院高能物理研究所.

钟云霄. 1988. 热力学与统计物理. 北京：科学出版社.

周世勋. 1979. 量子力学教程. 北京：高等教育出版社.

Bennett C H，Brassard G，Crépeau C，et al. 1993. Teleporting an unknown quantum state via dual classical and Einstein-Podolsky-Rosen channels. Phys Rev Lett，70：1895.

Bennett C H，Wiesner S. 1992. Communication via one-and two-particle operators on Einstein-Podolsky-Rosen states. Phys Rev Lett，69：2881.

Ekert A. 1991. Quantum cryptography based on Bell's theorem. Phys Rev Lett，67：661.

Horodecki R，Horodecki P，Horodecki M，et al. 2009. Quantum entanglement. Rev Mod Phys，81：865.

http://www. hudong. com/wiki/%E5%9B%BD%E5%AE%B6%E5%AE%9E%E9%AA%8C%E5%AE%A4#3.

http://www. paper. edu. cn/.

Nielsen M A，Chuang I L. 2000. Quantum Computation and Quantum Information. Cambridge：Cambridge University Press.

Ursin R，Jennewein T，Aspelmeyer M，et al. 2004. Communications：quantum teleportation across the danube. Nature，430：849.

Zemansky M W，Dittman R H. 1965. Heat and Thermodynamics. New York：Mc Graw-Hill Book Company.

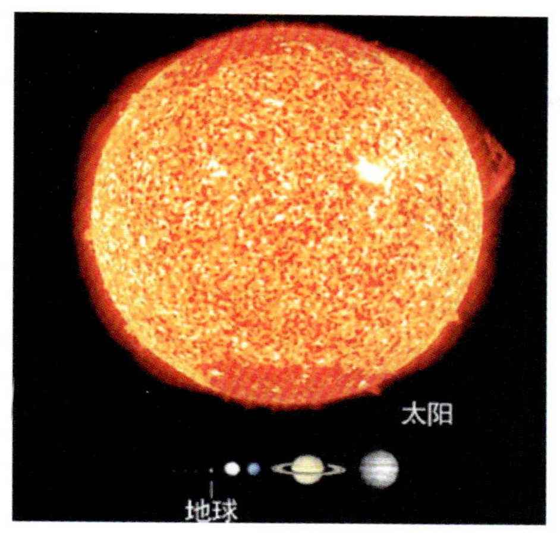


图5.1 太阳和它的八大行星大小比较

图5.2 双子座流星划过夜空

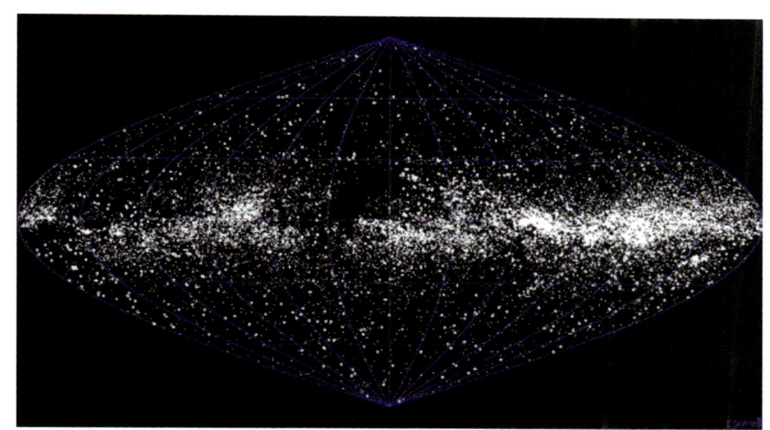

图5.4 全天的25 000颗最亮的恒星分布图

图5.6 金牛座昴星团

图5.7 球状星团M13

图5.8 NGC 3603星云

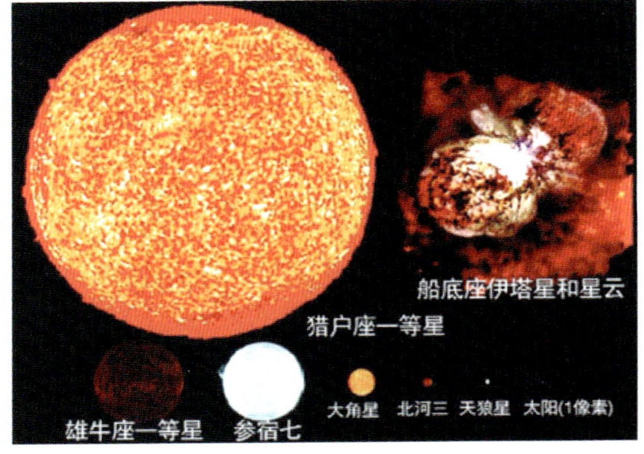


图5.9 恒星相对大小的比较

图5.11 宇宙中精彩的星系世界